第一推动丛书: 综合系列
The Polytechnique Series

逻辑的引擎
Engines of Logic

[美] 马丁·戴维斯 著　张卜天 译

Martin Davis

CTS K 湖南科学技术出版社

图书在版编目（CIP）数据

逻辑的引擎 / （美）马丁·戴维斯著; 张卜天译. 一 长沙: 湖南科学技术出版社，2018.1（2024.5重印）
（第一推动丛书. 综合系列）
ISBN 978-7-5357-9442-0
Ⅰ.①逻… Ⅱ.①马… ②张… Ⅲ.①计算机—逻辑设计—普及读物 Ⅳ.① TP302.2
中国版本图书馆 CIP 数据核字（2017）第 210848 号

Engines of Logic
Copyright © 2002 by Martin Davis
All Rights Reserved
本书根据美国 W. W. Norton 公司 2000 年版本译出。

湖南科学技术出版社通过中国台湾博达著作权代理有限公司获得本书中文简体版中国大陆独家出版
发行权
著作权合同登记号　18-2005-055

LUOJI DE YINQIN
逻辑的引擎

著者
［美］马丁·戴维斯

译者
张卜天

出版人
潘晓山

责任编辑
吴炜　戴涛　杨波

装帧设计
邵年 李叶 李星霖 赵宛青

出版发行
湖南科学技术出版社

社址
长沙市芙蓉中路一段416号
泊富国际金融中心

网址
http://www.hnstp.com

湖南科学技术出版社

天猫旗舰店网址
http://hnkjcbs.tmall.com

邮购联系
本社直销科 0731-84375808

印刷
长沙鸿和印务有限公司

厂址
长沙市望城区普瑞西路858号

邮编
410200

版次
2018 年 1 月第 1 版

印次
2024 年 5 月第 8 次印刷

开本
880mm×1230mm 1/32

印张
9.75

字数
206 千字

书号
ISBN 978-7-5357-9442-0

定价
49.00 元

THE
FIRST
MOVER

总序

《第一推动丛书》编委会

　　科学，特别是自然科学，最重要的目标之一，就是追寻科学本身的原动力，或曰追寻其第一推动。同时，科学的这种追求精神本身，又成为社会发展和人类进步的一种最基本的推动。

　　科学总是寻求发现和了解客观世界的新现象，研究和掌握新规律，总是在不懈地追求真理。科学是认真的、严谨的、实事求是的，同时，科学又是创造的。科学的最基本态度之一就是疑问，科学的最基本精神之一就是批判。

　　的确，科学活动，特别是自然科学活动，比起其他的人类活动来，其最基本特征就是不断进步。哪怕在其他方面倒退的时候，科学却总是进步着，即使是缓慢而艰难的进步。这表明，自然科学活动中包含着人类的最进步因素。

　　正是在这个意义上，科学堪称为人类进步的"第一推动"。

　　科学教育，特别是自然科学的教育，是提高人们素质的重要因素，是现代教育的一个核心。科学教育不仅使人获得生活和工作所需的知识和技能，更重要的是使人获得科学思想、科学精神、科学态度以及科学方法的熏陶和培养，使人获得非生物本能的智慧，获得非与生俱来的灵魂。可以这样说，没有科学的"教育"，只是培养信仰，而不是教育。没有受过科学教育的人，只能称为受过训练，而非受过教育。

　　正是在这个意义上，科学堪称为使人进化为现代人的"第一推动"。

　　近百年来，无数仁人志士意识到，强国富民再造中国离不开科学技术，他们为摆脱愚昧与无知做了艰苦卓绝的奋斗。中国的科学先贤们代代相传，不遗余力地为中国的进步献身于科学启蒙运动，以图完成国人的强国梦。然而可以说，这个目标远未达到。今日的中国需要新的科学启蒙，需要现代科学教育。只有全社会的人具备较高的科学素质，以科学的精神和思想、科学的态度和方法作为探讨和解决各类问题的共同基础和出发点，社会才能更好地向前发展和进步。因此，中国的进步离不开科学，是毋庸置疑的。

　　正是在这个意义上，似乎可以说，科学已被公认是中国进步所必不可少的推动。

　　然而，这并不意味着，科学的精神也同样地被公认和接受。虽然，科学已渗透到社会的各个领域和层面，科学的价值和地位也更高了，但是，毋庸讳言，在一定的范围内或某些特定时候，人们只是承认"科学是有用的"，只停留在对科学所带来的结果的接受和承认，而不是对科学的原动力 —— 科学的精神的接受和承认。此种现象的存在也是不能忽视的。

　　科学的精神之一，是它自身就是自身的"第一推动"。也就是说，科学活动在原则上不隶属于服务于神学，不隶属于服务于儒学，科学活动在原则上也不隶属于服务于任何哲学。科学是超越宗教差别的，超越民族差别的，超越党派差别的，超越文化和地域差别的，科学是普适的、独立的，它自身就是自身的主宰。

　　湖南科学技术出版社精选了一批关于科学思想和科学精神的世界名著，请有关学者译成中文出版，其目的就是为了传播科学精神和科学思想，特别是自然科学的精神和思想，从而起到倡导科学精神，推动科技发展，对全民进行新的科学启蒙和科学教育的作用，为中国的进步做一点推动。丛书定名为"第一推动"，当然并非说其中每一册都是第一推动，但是可以肯定，蕴含在每一册中的科学的内容、观点、思想和精神，都会使你或多或少地更接近第一推动，或多或少地发现自身如何成为自身的主宰。

再版序
一个坠落苹果的两面：
极端智慧与极致想象

龚曙光

2017年9月8日凌晨于抱朴庐

连我们自己也很惊讶，《第一推动丛书》已经出了 25 年。

或许，因为全神贯注于每一本书的编辑和出版细节，反倒忽视了这套丛书的出版历程，忽视了自己头上的黑发渐染霜雪，忽视了团队编辑的老退新替，忽视好些早年的读者，已经成长为多个领域的栋梁。

对于一套丛书的出版而言，25 年的确是一段不短的历程；对于科学研究的进程而言，四分之一个世纪更是一部跨越式的历史。古人"洞中方七日，世上已千秋"的时间感，用来形容人类科学探求的速律，倒也恰当和准确。回头看看我们逐年出版的这些科普著作，许多当年的假设已经被证实，也有一些结论被证伪；许多当年的理论已经被孵化，也有一些发明被淘汰……

无论这些著作阐释的学科和学说，属于以上所说的哪种状况，都本质地呈现了科学探索的旨趣与真相：科学永远是一个求真的过程，所谓的真理，都只是这一过程中的阶段性成果。论证被想象讪笑，结论被假设挑衅，人类以其最优越的物种秉赋 —— 智慧，让锐利无比的理性之刃，和绚烂无比的想象之花相克相生，相否相成。在形形色色的生活中，似乎没有哪一个领域如同科学探索一样，既是一次次伟大的理性历险，又是一次次极致的感性审美。科学家们穷其毕生所奉献的，不仅仅是我们无法发现的科学结论，还是我们无法展开的绚丽想象。在我们难以感知的极小与极大世界中，没有他们记历这些伟大历险和极致审美的科普著作，我们不但永远无法洞悉我们赖以生存世界的各种奥秘，无法领略我们难以抵达世界的各种美丽，更无法认知人类在找到真理和遭遇美景时的心路历程。在这个意义上，科普是人类极端智慧和极致审美的结晶，是物种独有的精神文本，是人类任何其他创造 —— 神学、哲学、文学和艺术无法替代的文明载体。

在神学家给出"我是谁"的结论后，整个人类，不仅仅是科学家，包括庸常生活中的我们，都企图突破宗教教义的铁窗，自由探求世界的本质。于是，时间、物质和本源，成为了人类共同的终极探寻之地，成为了人类突破慵懒、挣脱琐碎、拒绝因袭的历险之旅。这一旅程中，引领着我们艰难而快乐前行的，是那一代又一代最伟大的科学家。他们是极端的智者和极致的幻想家，是真理的先知和审美的天使。

我曾有幸采访《时间简史》的作者史蒂芬·霍金，他痛苦地斜躺在轮椅上，用特制的语音器和我交谈。聆听着由他按击出的极其单调的金属般的音符，我确信，那个只留下萎缩的躯干和游丝一般生命气息的智者就是先知，就是上帝遣派给人类的孤独使者。倘若不是亲眼所见，你根本无法相信，那些深奥到极致而又浅白到极致，简练到极致而又美丽到极致的天书，竟是他蜷缩在轮椅上，用唯一能够动弹的手指，一个语音一个语音按击出来的。如果不是为了引导人类，你想象不出他人生此行还能有其他的目的。

无怪《时间简史》如此畅销！自出版始，每年都在中文图书的畅销榜上。其实何止《时间简史》，霍金的其他著作，《第一推动丛书》所遴选的其他作者著作，25年来都在热销。据此我们相信，这些著作不仅属于某一代人，甚至不仅属于20世纪。只要人类仍在为时间、物质乃至本源的命题所困扰，只要人类仍在为求真与审美的本能所驱动，丛书中的著作，便是永不过时的启蒙读本，永不熄灭的引领之光。

虽然著作中的某些假说会被否定，某些理论会被超越，但科学家们探求真理的精神，思考宇宙的智慧，感悟时空的审美，必将与日月同辉，成为人类进化中永不腐朽的历史界碑。

因而在25年这一时间节点上，我们合集再版这套丛书，便不只是为了纪念出版行为本身，更多的则是为了彰显这些著作的不朽，为了向新的时代和新的读者告白：21世纪不仅需要科学的功利，而且需要科学的审美。

当然，我们深知，并非所有的发现都为人类带来福祉，并非所有的创造都为世界带来安宁。在科学仍在为政治集团和经济集团所利用，甚至垄断的时代，初衷与结果悖反、无辜与有罪并存的科学公案屡见不鲜。对于科学可能带来的负能量，只能由了解科技的公民用群体的意愿抑制和抵消：选择推进人类进化的科学方向，选择造福人类生存的科学发现，是每个现代公民对自己，也是对物种应当肩负的一份责任、应该表达的一种诉求！在这一理解上，我们将科普阅读不仅视为一种个人爱好，而且视为一种公共使命！

牛顿站在苹果树下，在苹果坠落的那一刹那，他的顿悟一定不只包含了对于地心引力的推断，而且包含了对于苹果与地球、地球与行星、行星与未知宇宙奇妙关系的想象。我相信，那不仅仅是一次枯燥之极的理性推演，而且是一次瑰丽之极的感性审美⋯⋯

如果说，求真与审美，是这套丛书难以评估的价值，那么，极端的智慧与极致的想象，则是这套丛书无法穷尽的魅力！

前言

　　本书讲述的是我们的现代计算机背后的那些基本概念和发展出这些概念的人。1951年春，当我在阿兰·图灵（Alan Turing）本人曾于10年前工作过的普林斯顿大学获得了数理逻辑博士学位之后不久，我便在伊利诺伊大学讲授一门以他的思想为基础的课程。有一位一直在听我的讲座的年轻的数学家使我注意到教室的街对面正在建造的两台机器，他认为它们就是图灵观念的物理体现。不久，我就在为这些早期的计算机编写软件了。我持续了半个多世纪的职业生涯便是围绕着现代计算机背后的抽象逻辑概念与它们的物理实现之间的关系而展开的。

　　计算机从20世纪50年代的塞满整个房间的庞然大物，逐渐演变成今天轻巧而强大的能够完成各种任务的机器，在这整个过程中，其背后的逻辑始终保持如一。这些逻辑概念是几个世纪以来数位天才思想家一步步发展出来的。在本书中，我将讲述这些人的生活故事，并解释他们的部分思想。这些故事本身是引人入胜的，我希望读者们不仅能够喜欢它们，而且在读完之后能够更加了解计算机内部的秘密，同时对抽象思想的价值多一份敬意。

在本书写作过程中，我曾得益于各种各样的帮助。约翰·西 ˣ 蒙·古根海姆纪念基金会在研究的早期阶段提供了热情的经济资助，正是当时所做的那些研究才使本书得以问世。Patricia Blanchette, Michael Friedman, Andrew Hodges, Lothar Kreiser 和 Benson Mates 慷慨地与我分享他们那些专业知识。Tony Sale 友好地充当了我游览布莱奇利庄园的导游，图灵曾于二战期间在那里对破译德军的秘密通信起了关键性的作用。Eloise Segal 是一位忠实而热心的读者，他帮助我避免了解释方面的缺陷，可惜，他在这本书写成之前就离开了这个世界。我的妻子弗吉尼亚竭力使我避免行文含糊不清。Sherman Stein 极为认真地读了原稿，提出了许多改进意见，而且纠正了我的几处错误。我还得益于 Egon Börger, William Craig, Michael Richter, Alexis Manaster Ramer，Wilfried Sieg 和 FransÇois Treves 等人的翻译。提出有益建议的其他读者还有：Harold Davis, Nathan Davis，Jack Feldman, Meyer Garber，Dick and Peggy Kuhns 和 Alberto Policriti。我在 W. W. 诺顿公司的编辑 Ed Barber 用他那关于英语散文的学识慷慨地对本书加以润色，多处改进都直接得益于此。Harold Rabinowitz 向我引见了我的代理商 Alex Hoyt，后者自始至终都在帮助我。当然，这一长串名字只是要表达我的感激之情，而不是要使我摆脱本书不足之处的责任。有关评论或修正，读者可发邮件至 davis@eipye.com，我将心怀感激。

马丁·戴维斯

伯克利，2000年1月2日

平装版注释：当本书的精装版（名为《通用计算机》(*The*

Universal Computer））正要付梓刊行之时，Julio Gonzales Cabillon和 John McCarthy及时使我注意到了几处潜在的令人难堪的错误。对此我感激不尽，同时也很遗憾他们的帮助未能来得及在前言中提及。就在那本书面世后不久，和我一同游览尼罗河的同伴Connie Holmes使我注意到，有一段曾经被我认为是极为明晰的段落实际上是含糊不清的，我已在这一版中进行了修改。谢谢你，Connie。

引言

如果，一台为了微分方程数值解而设计的机器与百货商店里的一台用来开账单的机器的基本逻辑是一致的，那么我将把这看成我所遇到过的最令人惊异的一致。

——霍华德·艾肯，1956年[1]

现在，让我们回到理论计算机的类比上来……可以证明，我们能够制造出一台那种特殊类型的机器来完成所有这一切工作。事实上，它可以作为任何其他机器的一个模型。**这种特殊的机器或可被称为"通用机"。**

——阿兰·图灵，1947年[2]

1945年秋，正当包含了数千根真空管的巨型计算机ENIAC（电子数字积分计算机）在费城的摩尔电子工程学院接近完成之时，一群专家定期会面以对其计划中的继承者EDVAC（电子离散变量自动计算机）进行讨论。时间一周周过去了，会面时的言辞变得愈发激烈起来，专家们也随之分成了两派，即所谓的"工程师"派和"逻辑学家"派。工程师派的领导者约翰·普莱斯伯·埃克特无可厚非地对他在ENIAC上的成就感到骄傲。要让15000根热真空管共同完成任何一项工作，^{xii}

这都被认为是不可能的。然而，通过小心稳妥的设计原理，埃克特出色地完成了任务。不过，一份关于EDVAC的设计报告正在流传，署名者是小组中逻辑学家派的领导者——著名的数学家约翰·冯·诺依曼（这使埃克特颇为恼火），也正是在此时，争论达到了白热化。那份报告毫不在意工程细节，而是提出了今天以冯·诺依曼结构而闻名的逻辑计算机的基本设计。

　　尽管ENIAC是工程上的极品，但它却是一堆逻辑上的东西。正是冯·诺依曼作为一个逻辑学家的技能——以及他从英国逻辑学家阿兰·图灵那里学到的东西——使他能够理解，计算机实际上是逻辑机器。它的电路体现了几个世纪以来一大批逻辑学家所提出的观点之精华。当前，正当计算机技术以惊人的速度前进时，正当我们羡慕工程师们令人瞩目的成就之时，我们很容易忘记那些逻辑学家，正是他们的思想使得这一切成为可能。本书讲述的就是他们的故事。

目录

第 1 章　001　莱布尼茨之梦

第 2 章　021　布尔把逻辑变成代数

第 3 章　044　弗雷格：从突破到绝望

第 4 章　065　康托尔：在无限中摸索

第 5 章　090　希尔伯特的营救

第 6 章　115　哥德尔使计划落空

第 7 章　151　图灵构想通用计算机

第 8 章　190　研制第一批通用计算机

第 9 章　213　超越莱布尼茨之梦

224　尾声

225　注释

258　参考书目

264　索引

289　译后记

3 第 1 章
莱布尼茨之梦

　　矿藏丰富的哈尔茨（Harz）山脉位于德国城市汉诺威东南，自公元 10 世纪起就已经有人来这个地区采矿了。由于地层深处含水较多，所以只有用水泵把水抽到河湾里才能采矿。17 世纪时，水车使这些水泵的能力变得强大起来。但不幸的是，这就意味着当冬季水流冻结时，有利可图的采矿工作就不得不终止下来。

　　1680 — 1685 年，哈尔茨山的矿产管理者开始与一个不易相处的矿工频频发生冲突，这个矿工就是时年 30 多岁的 G. W. 莱布尼茨。莱布尼茨是要把风车作为一种额外的能源装置引进来，从而使得采矿工作可以常年进行。此时，莱布尼茨已经取得了许多成就。他不仅在数学上做出了重大发现，而且还以一位法学家而闻名，并且在哲学和神学方面写有大量著述。他甚至还担任了路易十五宫廷中的一项外交职务，以使这位法国的太阳王意识到对埃及（而不是对荷兰和德国）发动一场军事战争的好处。[1]

　　大约 70 年前，塞万提斯曾经写了一个忧郁的西班牙人与风车的
4 不幸遭遇。与堂吉诃德不同，莱布尼茨是个顽固的乐天派。面对着世界上显而易见的苦难，莱布尼茨回应那些痛苦万分的人说，上帝对所

有可能的世界都无所不知，他无可指责地创造了所有可能世界中最好的一个，我们世界中的一切邪恶因素都以一种最佳的方式为善所平衡。[1]然而最终的情况表明，莱布尼茨卷入哈尔茨山的采矿项目是极大的失败。他的乐观主义使他没有预见到，内行的采矿工程师会对一个声称要教他们如何做生意的新手抱以天然的敌意，他也没有考虑到风的不可靠性，以及一种新的机器不可避免地需要一个试验阶段。然而最不可思议的乐观想法是，他原本打算能够用他从这个项目中获得的收益开展一些工作。

　　莱布尼茨的眼光惊人地广阔和宏大。他为微积分运算而发明的符号一直沿用至今，这使得人们不用过多思考就可以很容易地进行复杂的演算。实际进行工作的似乎就是那些符号。在莱布尼茨看来，我们对整个人类知识领域也可实施类似的举措。他梦想对一种普遍的人工数学语言和演算规则进行一种百科全书式的汇编，知识的任何一个方面都可以用这种数学语言表达出来，而演算规则将揭示这些命题之间所有的逻辑关系。最后，他梦想能够制造出完成这些演算的机器，从而使心灵从创造性的思考中解脱出来。尽管莱布尼茨抱着乐观的态度，但他知道，把这个梦想转变为现实的任务非他个人力量所能及。不过他的确相信，如果有一些有能力的人在一个科学院中共同工作，那么相当一部分任务是可以在若干年内完成的。正是出于为这样一个科学院筹款的目的，莱布尼茨才卷入了哈尔茨山项目。

1.伏尔泰《老实人》中的邦葛罗斯就是对这种莱布尼茨学说的一个讽刺。

莱布尼茨的奇思妙想

　　1646年，莱布尼茨出生于德国的莱比锡。那时的德国被分成了1000多个半自治的政治单元，几乎为持续了近30年的战争所毁。30年战争直到1648年才结束，尽管欧洲所有的主要力量都参与了这场战争，但它主要是在德国本土进行的。莱布尼茨的父亲是莱比锡大学 5 的哲学教授，当孩子仅6岁时就去世了。到了8岁的时候，莱布尼茨不顾老师的反对，开始阅读父亲图书馆中的藏书，不久他便能够熟练地阅读拉丁文作品了。

　　莱布尼茨注定要成为人类历史上最伟大的数学家之一。他从他的老师那里得到了数学思想的启蒙，但老师们对欧洲其他地方的革命性数学著作一无所知。在当时的德国，即便是欧几里得的初等几何也是一门高等学科，人们通常只是在大学阶段才开始学习它。然而当莱布尼茨只有10岁时，他的老师就把亚里士多德于2000年前提出的逻辑系统介绍给了莱布尼茨，这门学科唤起了他的数学才能和激情。莱布尼茨对亚里士多德把概念分成固定的"范畴"着了迷，他产生了一种"奇思妙想"：他想寻求这样一张特殊的字母表，其元素表示的不是声音而是概念。有了这样一个符号系统，我们就可以发展出一种语言，我们仅凭符号演算，就可以确定用这种语言写成的哪些句子为真，以及它们之间存在着什么样的逻辑关系。莱布尼茨一生都沉迷于亚里士多德的理论，并且对此矢志不渝。

　　事实上，莱布尼茨在莱比锡写的学士论文就是关于亚里士多德形而上学的。他的老师在同一所大学的论文论述的是哲学与法律之间的关系。莱布尼茨显然也被法律研究所吸引，他又获得了一个法律学士学位，这一次他写的论文强调了系统性的逻辑在法律方面的应用。莱布尼茨对数学的第一项真正贡献源于他在大学讲授哲学课程的资格论文（*Habilitationsschrift*）：作为他关于一个概念符号系统的奇思妙想的第一步，莱布尼茨预见到有必要清点这些概念的各种不同组合方式。这使他系统地研究了基本元素复杂排列的数目问题。这方面的工作首先见于他那篇大学授课资格论文，然后是那部内容更加广泛的专著《论组合术》（*Dissertatio de Arte Combinatoria*）。[2]

　　在继续进行法律研究的过程中，莱布尼茨为获得莱比锡大学的法律博士学位而提交了一篇论文。它的主题具有典型的莱布尼茨风格，即用推理来解决那些用一般方法难以处理的法律案件。由于种种原因，莱比锡大学并没有接受这篇论文，于是莱布尼茨就把它转交给纽伦堡
7　附近的阿特道夫（Altdorf）大学，在那里这篇论文获得一致好评。22岁那年，莱布尼茨的正式教育完成了，他面临着毕业生的常见问题：如何获得一个职位。

巴黎

　　莱布尼茨对在德国当大学教授没有多大兴趣，他还有另一条路可走，那就是找一个富有的贵族做资助人。他找到了美茵茨选帝侯的侄子约翰·冯·博伊纳堡，他让莱布尼茨去修订基于罗马民法的法律体系。不久，莱布尼茨被委任为高等上诉法院的法官，同时还参与了一些外交谋略，其中包括未能得逞的对波兰新任国王的选举进行干预，以及前往路易十四的宫廷执行一项任务。

　　30年战争使得法国成为欧洲大陆的霸主。坐落于莱茵河畔的美茵茨在战争期间就尝到过被军事占领的滋味。因此，美茵茨人非常清楚阻止敌人采取军事行动以及与法国保持良好关系的重要性。正是在这种情况下，博伊纳堡和莱布尼茨才策划说服路易十四及其幕僚意识到把埃及作为军事目标的巨大利益。这一建议——事实上，正是同一建议使拿破仑在一个世纪后陷入了军事灾难——最重大的历史后果就是把莱布尼茨带到了巴黎。

　　莱布尼茨于1672年来到巴黎，为的是促成埃及计划，并且帮助解决博伊纳堡的一些财政方面的问题。就在这一年，博伊纳堡死于中风的消息传来，这对他是灾难性的打击。尽管莱布尼茨仍在为博伊纳堡家族服务，但却丧失了可靠的收入来源。不过，他设法在巴黎又待了4年，在这4年里他硕果累累，极为多产，其间还对伦敦做了两次短暂访问。[3]1673年，他在第一次访问时展示了一台能够执行四种算术基本运算的计算机模型，这使他被一致推选为伦敦皇家学会会员。尽 8 管帕斯卡曾经设计过一台能够进行加减运算的机器，但莱布尼茨的机器却可以进行乘除运算，这还是历史上的第一次。[1]这台机器包括了一个天才的部件——"莱布尼茨轮"，直到20世纪，这一部件仍在计算装置上普遍使用。关于他的机器，莱布尼茨写道：

　　　　如果要给这台机器以决定性的称赞，那么我们也许可以说，它将使所有那些从事计算工作的人感到喜悦，众

---

1. 1623年6月19日，布莱斯·帕斯卡出生于法国的克莱蒙费朗（Clermont-Ferrand）。他是概率的数学理论的奠基人之一，也是一位多产的数学家、物理学家和宗教哲学家。他于1643年前后设计并制造的计算装置使他享有盛誉。他于1662年去世。

> 所周知，他们就是那些从事金融业务的管理人员、他人财产的管理者、商人、测量员、地理学家、航海家、天文学家……如果只限于科学上的用途，那么古老的几何表和天文学表可以被修正，新表可以被制造出来，利用它们，我们可以测量一切种类的曲线和形体……尽可能地扩充乘法表、平方表、立方表、其他幂次的表、组合表、变分表以及一切种类的级数表是值得的……天文学家们也将不必继续耐着性子进行计算……因为让优秀的人像奴隶一样把大量时间浪费在计算工作上是不值得的，如果使用机器，这些任务就可以被安全地交给任何人去做。[4]

莱布尼茨的机器只能做普通的算术，但他却把握住了机器演算更为深广的含义。1674年，他描述了一种能够解代数方程的机器。一年之后，他为一种机械装置写了相应的逻辑推理，这样就指出了一个目标，即把推理还原为一种演算，并且最终制成能够完成这些演算的机器。[5]

对于时年26岁的莱布尼茨来说，一个至关重要的事件就是他见到了当时居住在巴黎的荷兰大科学家克里斯提安·惠更斯。43岁的惠更斯此前发明了摆钟，并且还发现了土星环。他最重要的贡献——光的波动理论还没有提出。惠更斯认为光是由波构成的，就像石块投入池塘中泛起的波浪传播开来一样。他的想法与伟大的牛顿完全相左，后者认为光是由一串子弹似的微粒流构成的。[1]惠更斯交给莱布尼茨一

---

1. 尽管惠更斯的观点后来被普遍接受，但20世纪出现的量子物理学却表明，牛顿和惠更斯都是正确的，他们每个人都把握住了光的一个本质特征。

份书目，它使这位年轻人很快就了解了当前的数学研究状况。不久莱布尼茨就做出了重要的贡献。

17 世纪数学研究的迅速发展主要得益于两项主要进展：

1. 处理代数表达式（一般是高中代数的内容）的技巧已经被系统化，这种强大的技巧一直沿用至今。

2. 笛卡儿和费马分别论证了，如何通过用一组组的数对表示点而把几何归结为代数。

数学家们都在运用这种新的手段来解决那些以前无法处理的问题。相当一部分工作要涉及极限过程，也就是说，用最终结果的近似值来一步步地逼近这个结果，从而解决一个问题。其想法是，近似值是不够的，只有逼到极限才能获得一个精确解。

举一个例子便可说明这个概念，它是莱布尼茨早期得到的一个结果，对此他很是自豪：

$$\frac{\pi}{4} = 1 - \frac{1}{3} + \frac{1}{5} - \frac{1}{7} + \frac{1}{9} - \frac{1}{11} + \cdots.$$

10

等号的左边是我们所熟悉的圆的周长和面积公式中的 π，[1]等号右边则是所谓的无穷级数；它的交替加减的数被称为这个级数的项。省

---

1. $\frac{\pi}{4}$ 实际上是半径为 $\frac{1}{2}$ 的圆的面积。

略号的意思是它无限地继续下去。其中的每一项都是以1作为分子，相继的奇数作为分母的分数，它们交替加减，这可以从已经写出的有限的几项看得很清楚：先减去$\frac{1}{11}$，再加上$\frac{1}{13}$，再减去$\frac{1}{15}$等等。但我们真的可以进行无限次加减运算吗？并非如此。但是，从开头一项到任何一项为止，我们都可以获得对"真实"结果的一项近似，随着越来越多的项加入进来，这个近似结果也变得越来越好。事实上，这个近似可以通过加入越来越多的项以达到任意的精确度。对于莱布尼茨的级数来说，这可以从表中显示出来。当我们取到10 000 000项时，得到的数值与$\frac{\pi}{4}$的真实值即0.7853981634的前8位保持一致。[1]

项数	精确到小数点后8位的和
10	0.76045990
100	0.78289823
1 000	0.78514816
10 000	0.78537316
100 000	0.78539566
1 000 000	0.78539792
10 000 000	0.78539816

莱布尼茨级数的近似值表

11　　　莱布尼茨级数给人留下了深刻的印象，因为它通过一种特别简洁的方式把奇数序列与π这个数继而与圆的面积联系了起来。这是可

1.这一用莱布尼茨级数计算出的$\frac{\pi}{4}$的值是通过在一台486 33 MHz的PC机上编写和运行一个Pascal程序而得出的。把1000000项相加需要运行50秒的时间，把10000000项相加需要运行8分钟的时间。两年以后，这一程序又在一台奔腾200 MHz的机器上重新运行，所需时间分别被减少为4秒和40秒！

以利用极限过程来解决的一类问题 —— 确定边界为曲线的图形的面积 —— 的一个例子。另一类可以利用极限来解决的问题是确定准确的变化率，比如一个运动物体不断变化的速度。1675年，莱布尼茨即将结束他在巴黎的逗留，在这一年的最后几个月中，他用极限过程实现了概念和计算上的一连串突破，所有这些工作即被称为他所"发明的微积分"：

1. 莱布尼茨发现，计算面积和变化率的问题从某种意义上说很有代表性，因为许多不同种类的问题都可以还原为这两类问题中的某一类。[1]

2. 他还认识到，求解这两类问题的数学运算实际上彼此互为逆运算，这在很大程度上就如同加法和减法（或乘法和除法）彼此互为逆运算一样。今天，这些运算分别被称为积分和微分，它们彼此相反这一事实即人们所熟知的"微积分基本定理"。

3. 莱布尼茨为这些运算发展出了一套恰当的符号系统（这些符号[12]一直被沿用至今），∫表示积分，d表示微分。[2] 最终，他发现了实际实现微分和积分所需的数学规则。

这些发现把对极限过程的应用从一种只有少数几位专家能懂的奇特方法，变成了一种可以在教科书中向成千上万的人讲授的直截了

---

1. 于是，确定体积和重心的问题属于第一类问题，而计算加速度和（在经济理论中）边际弹性的问题属于第二类问题。
2. 表示积分的符号∫其实是字母"S"的变形，暗示"和"（sum）；类似的，符号"d"暗示"差异"（difference）。

当的技巧。[6]与本书的主题密切相关的是，莱布尼茨的成功使他确信，选取恰当的符号并且定出它们的操作规则是极为重要的。∫和d这些符号并不像一个语音符号系统那样代表着毫无意义的声音，而是代表着概念，这样就为莱布尼茨童年时的那种代表着一切基本概念的符号系统的奇思妙想提供了一个模型。

关于牛顿和莱布尼茨各自完全独立地发明微积分的过程，以及在真相大白之前来往于英吉利海峡两岸之间针对剽窃指控的口诛笔伐，人们已经写过许多著述。对我们的故事而言，莱布尼茨所使用的符号的极大优越性是最重要的。[7]积分中所使用的一个关键技巧（"置换"法）在莱布尼茨的符号系统中实际上是必然出现的，而在牛顿的符号系统中则更为复杂。甚至有人指出，由于盲目地固守其民族英雄的方法，牛顿的英国追随者们对微积分的发展远远落后于其同时代的大陆同行。

就像许多品尝到了巴黎生活的特殊情趣的人那样，莱布尼茨想在那里尽可能长地待下去。他一方面继续在巴黎工作和生活，一方面又试图维持他在美茵茨的关系。但没过多久，情况就很明朗了，只要他还待在巴黎，美茵茨就不会再给他提供资助。与此同时，他收到了一份发自汉诺威 —— 17世纪德国的许多个公国之一 —— 公爵的职位邀请。尽管约翰·弗里德里希公爵对理智方面的东西不乏某些真正的兴
13 趣，而且还承诺提供经济上的保证，但莱布尼茨并不期望生活在汉诺威。在做出了尽可能长的拖延之后，莱布尼茨的经济状况使他无法继续维持下去，遂于1675年较早的时候接受了这份邀请。在复信中，他要求公爵允许自己能够"在艺术和科学领域中为了人类的利益自由地

进行研究"。[8] 1676年秋天，莱布尼茨离开了巴黎，此时巴黎不会再给他提供职位，公爵也不允许更长时间的拖延了。莱布尼茨的余生将一直为汉诺威的公爵服务。

汉诺威

莱布尼茨很清楚，尽管他要求自己能够"在艺术和科学领域中自由地进行研究"，但为了在新职位上取得成功，他不得不去做一些被他的资助人认为是有用和实际的事情。他着手改良公爵的图书馆，并且提出了各种想法以改善公共管理和农业。在那之后不久，他就开始对哈尔茨山采矿操作进行注定会失败的改进。莱布尼茨所负责的哈尔茨山项目最终被核准了，但仅仅过了1年，公爵于1680年的突然去世使得莱布尼茨的职位受到了威胁。

现在必须要说服新的公爵恩斯特·奥古斯特把莱布尼茨的职位继续下去，并且对哈尔茨山项目进行资助。新的公爵是一个"实际"的人，与其前任不同，他不愿在图书馆上花费过多。莱布尼茨很快就学会了不把恩斯特·奥古斯特卷入学术讨论。为了巩固自己的职位，莱布尼茨提议编写公爵家族的简史。5年之后，当公爵最终叫停哈尔茨山项目时，莱布尼茨提交了一份更为详尽的家族史：如果几处空缺被填补，那么家谱就可以一直追溯到公元600年。公爵显然把这视为雇用历史上一位最伟大思想家的极为合适的方式，他对此毫不吝惜。由于这项任务，莱布尼茨得到了一份固定的薪水、一个私人秘书以及搜集家谱信息的旅费。乐观的莱布尼茨很可能没有想到，自己会在余下的30年里一直为家谱所牵制。（恩斯特·奥古斯特死后，1698年继任 14

的格奥尔格·路德维希对莱布尼茨完成这份家族史尤其不遗余力。）

　　如果说莱布尼茨在汉诺威有学生的话，那么她们是一些女性，他从未像普通人那样对女性的智力抱有偏见。恩斯特·奥古斯特公爵的很有才华的夫人索菲经常与莱布尼茨就哲学问题进行讨论，而且当莱布尼茨离开汉诺威的时候还与之进行大量的通信。她还设法使自己即将成为普鲁士女王的女儿索菲·夏洛特也能够受益于莱布尼茨的教导。索菲·夏洛特并不单单满足于接受莱布尼茨的智慧，她经常会主动提出一些问题，这有助于莱布尼茨澄清自己的思想。正如当代的莱布尼茨专家班森·梅茨所说：

> 在莱布尼茨一生中的大部分时间里，这些女性是他在汉诺威和柏林的宫廷里的主要支持者。索菲·夏洛特在1705年的突然去世几乎使他崩溃。对他而言，这是一个如此重大的损失，以至于连外国的政府公使都向他表达了正式慰问。当公爵夫人索菲 …… 于1714年去世时，除继续写作不伦瑞克的历史之外，他在其他一切方面的资助都终止了。[9]

　　这项历史方面的任务确也为莱布尼茨提供了一个外出旅行的借口。他充分地利用这种自由，这不禁使其资助人大为光火。当然，莱布尼茨还尽可能地与学者保持接触。在柏林，他甚至建立了一个科学协会，后来成为科学院。他的大量通信涵盖了他的兴趣的方方面面。莱布尼茨似乎从不倦于说明，既然上帝在创世方面已经做得足够好了，所以在存在的事物与可能的事物之间必定存在着一种前定和谐，世界上的任何一个事物都有一个*充足理由*（无论是否能够发现它）。在外交领域，莱布尼茨有两项最受欢迎的计划：重新统一基督教会的各派力量以及为汉诺威公爵获取英国王位的继承权。而当格奥尔格·路德维希果真于1714年（此时距莱布尼茨1716年去世只有2年了）成为英 [15] 王乔治一世之时，他又粗暴地拒绝了莱布尼茨离开汉诺威的穷乡僻壤去伦敦和自己待在一起的请求，只是命令他抓紧时间完成那份家族史。

普遍文字

那么，莱布尼茨青年时的奇思妙想，即找到一个人类思想的真正的符号系统以及操纵这些符号的恰当的演算工具的宏伟梦想怎样了呢？尽管他不得不承认，如果没有帮助，他就无法在这件事情上取得成功，但他从未忘记这个目标，他终生都在为它进行思考和写作。他很清楚，算术和代数中使用的特殊符号、化学和天文学中使用的符号以及他为微积分运算所引入的符号都提供了范例，说明一个真正合适的符号系统是多么重要。莱布尼茨把这样一个符号系统称为一种文字（characteristic）。与没有实际含义的字母表中的符号不同，在他看来，刚才所说的那些例子都是一种真实的文字，每一个符号都以一种自然而恰当的方式表示某个确定的观念。莱布尼茨认为，我们需要的是一种*普遍文字*（universal characteristic），即一个不仅真实，而且包含了人类全部思想领域的符号系统。

在一封向数学家G. F. A.洛比达解释这些内容的信中，莱布尼茨写道：代数的"部分秘密就在于文字，也就是说在于恰当地使用符号表达式的技艺"。这种对恰当使用符号的关切就是那根能够引领学者创造出他的文字的"阿里阿德涅之线"[1]。

正如20世纪早期的逻辑学家兼莱布尼茨专家路易·古杜拉所说：

> 可以说，正是代数符号体现了文字的理想，它成了一个典范。莱布尼茨也一直用代数的例子来说明一个恰当选取的符号系统是多么有用，而且是演绎思想所不可或缺的。[10]

16　　　也许莱布尼茨对自己所提出的文字的最富激情的说明出现在他致让·伽鲁瓦（莱布尼茨曾与之进行过大量通信）的信中：

> 我对这一普遍科学的用处和实在性越来越深信不疑，我发现极少有人理解它的范围……这种文字是由某种符号或语言构成的……它们完全代表了我们观念之间的关系。这些字符将与迄今为止所想到的字符极为不同。因为人们已经忘记了一条原理，即这种文字的字符将会有助于发明和判断，就像在代数和算术中那样。这种文字将会带来巨大的好处，对我来说，其中有一点尤为重要，那就是用这些字符是写不出在我们看来荒诞不经的想法（chimères）来的。一个无知的人将无法使用它，或者，通过努力学习使用它，他本人将变得博学多才。[11]

1.阿里阿德涅（Ariadne）是古希腊神话中国王米诺斯（Minos）的女儿，曾给情人忒修斯（Theseus）一个线团，帮助他走出迷宫。——译注

在这封信中，莱布尼茨称算术和代数表明了一个恰当的符号系统的重要性。他想到了我们今天仍在使用的以0～9这几个数字为基础的阿拉伯符号系统，对于日常计算来说，它们大大优于早先的系统（比如罗马数字）。当莱布尼茨发现任何数都可以仅仅用0和1表示出来即二进制时，他被这一系统的简洁深深地震撼了。他相信揭示出数的深层性质是有用的。尽管这一信念最终未能证明为合理，但考虑到这种二进制记法与现代计算机之间的关联，莱布尼茨的这种想法是非同寻常的。

　　莱布尼茨认为他的宏伟计划由三个主要部分组成。首先，在合适的符号被选择出来之前，有必要创造一套涵盖人类知识全部范围的纲要或百科全书。一旦我们完成了这一步，对其背后的关键观念进行选择，并为其中的每一个提供合适的符号就是可能的了。最后，演绎规则可以还原为对这些符号的操作，也就是莱布尼茨所说的"推理演算"（calculus ratiocinator），今天或可称其为一种符号逻辑。在今天[17]的读者看来，莱布尼茨感到无法单凭自己的力量完成这样一个计划是不足为奇的，特别是他还一直受到编写家族史的重压，这被他的资助人视为他的主要任务。然而事情还不只如此，让今天的我们更难理解的是，莱布尼茨如何能够严肃地相信，我们居于其中的纷繁复杂的宇宙可以归结为一种符号演算。

　　我们只能试着以莱布尼茨看待这个世界的眼光来理解这一点。对莱布尼茨而言，世界上绝对没有任何事物是偶然的或未被决定的；任何事物都遵循着一个计划，上帝对此一清二楚，他正是通过这个计划创造了一切可能世界中最好的世界。因此，世界的一切方面，无论是自然的还是超自然的，都是有关联的，我们可以冀望通过理性的方法来发现这些关联。只有从这种眼光出发，我们才能理解莱布尼茨如何可能在一个著名的段落中说，严肃的"具有善良意志的人们"围坐在桌子旁边来解决某个棘手的问题，在用莱布尼茨所设想的语言——他的普遍文字——写出这个问题之后，人们就可以说："让我们算一下！"于是人们拿出笔来找到一个解答，其对错必然可以为所有人接受。[12]

莱布尼茨满怀热情地指出了发明"推理演算"这种逻辑代数的重要性，它们对于完成这些演算是不可或缺的：

> 如果对定出正立体数目的人大加褒扬（这没有丝毫的用处，除非是在沉思给人带来愉快的意义上说），如果认为让一个数学天才去揭示一条蚌线、蔓叶线或其他某种几乎没有什么用处的图形是一项值得的训练，那么，让人的推理（这是我们所拥有的最为卓越、最为有用的东西）服从数学定律，这难道不是好得多吗？[13]

虽然莱布尼茨以如此的热情和信心描述了普遍文字，但他却没有完成任何具体的工作。与此不同的是，在创造出一种"推理演算"方面，他的确做出过若干次尝试。他在这方面的部分努力可见于附图。[14] 莱布尼茨提出的逻辑代数足足超前于他的时代一个半世纪，就像普通代数规定了数字的操作规则那样，这种代数清楚地规定了逻辑概念的操作规则。他引入了一种特殊的新符号⊕来表示把任意多个项组合在一

起，这一思想有些类似于把两组事物合成包括两组中所有项的一组
事物。他引入了一种特殊的新符号⊕来表示把各项组合在一起。加号
启发我们把这种操作看成与普通的加法类似的运算，但它周围的圆圈 [19]
却警告我们它与普通的加号并不一样，因为相加的并不是数。他的某
些代数规则也可见于高中代数课本。从某种程度来说，适用于数的规
则也适用于逻辑概念，但还有一些规则是相当不同于那些适用于数的
规则的。属于后一类规则的最明显的例子是莱布尼茨的公理2，即 $A \oplus$
$A = A$，正是在大体相同的背景之下，乔治·布尔使这条规则成为了其
逻辑代数的基础。这条规则说的是这样一个事实，即把若干项与其自
身进行组合将不会产生任何新的东西：显然，把某一组事物与同一组
事物进行组合，得到的仍将是同一组事物。当然，数的加法是非常不
同的：2+2=4，而不是等于2。

定义3　A 在 L 之内或者 L 包含 A，等价于 L 可以与以 A 为其中一项的
许多项合在一起后相一致。$B \oplus N = L$ 表示 B 在 L 之内，且 B 与 N 共同组
成了 L。更多数目的项的情形也是一样。

　　公理1 $B \oplus N = N \oplus B$

　　公设　任意多的项，比如 A 和 B，可以被加在一起组成一个单一
的项 $A \oplus B$。

　　公理2　$A \oplus A = A$

　　命题5　如果 A 在 B 之内且 $A = C$，则 C 在 B 之内。

如果把命题中的 A 在 B 之内中的 A 替换为 C，就得到了 C 在 B 之内。

命题 6　　如果 C 在 B 之内且 A＝B，则 C 在 A 之内。

如果把命题中的 C 在 B 之内中的 B 替换为 A，就得到了 C 在 A 之内。

命题 7　　A 在 A 之内。

因为（根据定义 3）A 在 $A \oplus A$ 之内，所以（根据命题 6）A 在 A 之中。

…………

命题 20　　如果 A 在 M 之内且 B 在 N 之内，则 $A \oplus B$ 在 $M \oplus N$ 之内。

莱布尼茨逻辑演算中的一例

　　在下一章中，我们将会看到乔治·布尔在对莱布尼茨的努力可能一无所知的情况下，如何沿着莱布尼茨所开辟的方向提出了一种可用的符号逻辑。布尔的逻辑涵盖了亚里士多德 2000 多年前所引入的逻辑。然而只有到了 19 世纪，由于戈特洛布·弗雷格的工作，亚里士多德与布尔的逻辑体系所共有的严重的局限性才被真正克服。[15]

　　尽管莱布尼茨的通信卷帙浩繁，但我们对他个人的情况却并不了解多少。有一位传记作家声称，他在我们所拥有的极少数莱布尼茨的画像中看到了一个疲惫的、不快乐的、悲观的人，这一反他的乐观主义哲学。[16] 其他人则说，他喜欢把糕饼分给邻居的孩子们。据说他50岁的时候曾经向人求过婚，但是当那位女士犹豫的时候他又重新做了考虑，并改变了主意。[17]我们关于莱布尼茨的印象是：长时间地甚至彻夜坐在书桌旁极为准时地处理大量信件，饭菜则由他的仆人从小饭馆里带给他。他不知疲倦地进行着工作，这一点是毫无疑问的。[1]

如果莱布尼茨没有受到他的资助人的家族史的拖累，并且可以自由地为其"推理演算"花费更多时间，那么情况又将如何呢？他难道不可能完成布尔在很久以后才能完成的工作吗？当然，这种猜测是无用的。莱布尼茨留给我们的是他的梦想，但即使是这个梦想，也使我们对人类的思辨思想充满了敬意，它成为衡量后续发展的一根准绳。

---

1. 这种印象来自库尔特·胡伯教授在狱中等待纳粹行刑期间写成的传记［参见参考书目中的（Huber）一书］。他曾经支持过他在慕尼黑大学的学生们的努力，这些学生曾经组成地下团体"白玫瑰"，并且由于散发反纳粹传单而被杀害。现在的慕尼黑大学有一个以胡伯教授命名的广场（感谢班森·梅茨提供关于胡伯教授这一英雄角色的信息）。

第 2 章
²¹ 布尔把逻辑变成代数

乔治·布尔的艰辛岁月

美丽而聪慧的卡洛琳娜·冯·安斯巴赫公主日后将会成为英国王后，即乔治二世之妻。1704年，当她18岁时，她在柏林见到了莱布尼茨。在她随同王室前往英国之后，他们仍然借助通信保持着友谊。她试图说服自己的公公 —— 英王乔治一世 —— 把莱布尼茨带到英国，但正如我们已经知道的，国王坚持让莱布尼茨待在德国完成汉诺威家族史。

卡洛琳娜发现自己被卷入了莱布尼茨与牛顿及其支持者之间的没完没了的愚蠢争论之中，双方都指控对方在微积分的发明上进行了剽窃。她试图使莱布尼茨相信这件事情没有那么重要，但他却不这样认为。事实上，莱布尼茨希望她能劝说国王任命自己做英国的史料编纂者，从而与牛顿担任的造币厂厂长一职相当，而且声称只有这样，与英国相比，德国对抗英国的荣耀才能被保持下来。莱布尼茨给卡洛琳娜写信说，当牛顿声称一颗沙粒能够对遥远的太阳施加一种引力，而无须任何传播这种力的手段时，他实际上是在诉诸神秘的方法来解释一种自然现象，这是无论如何不能接受的。卡洛琳娜则把莱布尼茨的一些著作译成了英文。这一努力使她开始与塞缪尔·克拉克进行接触，有人曾向她举荐后者担当译者。

克拉克是一个哲学家和神学家，也是牛顿的一个忠心耿耿的追随者。在其《上帝的存在与属性》（*Being and Attributes of God*）（1704）一书中，克拉克提出了一种对上帝存在的证明。卡洛琳娜给他看了一封莱布尼茨攻击牛顿观点的信，并要求他做出回复。这使两人之间开始了长时间的通信，直到莱布尼茨去世前几天为止。毫不奇怪，这两人的思想之间没有共通之处。从我们故事的角度看，关于塞缪尔·克拉克的最有趣的事情是，在莱布尼茨去世几乎一个半世纪之后，乔治·布尔将把克拉克对上帝存在的证明作为一个例子，来论证他本人方法的有效性。事实上，通过这些方法，布尔成功地使莱布尼茨的部分梦想焕发了生机，使得克拉克的复杂演绎可以被归结为一组简单的方程。[1]

从莱布尼茨与17世纪的欧洲贵族阶层的世界到乔治·布尔的世界，我们不仅把时间推进了两个世纪，而且还把社会阶层降低了几级。1815年11月2日，乔治出生于英国东部的林肯镇，是四个孩子中的老大。他的父母约翰·布尔和玛丽·布尔在结婚的头9年中一直没有孩子。约翰·布尔是一个补鞋匠，他靠这点生意勉强维持着生活，但却对知识特别是科学仪器有着极大的兴趣。在他的商店橱窗里，他自豪地展出了一架他亲手制作的望远镜。不幸的是，他对生意并不在行，于是支撑整个家庭的重担很快便落在了他那才华横溢的尽职尽责的儿子肩上。[2]

1830年6月，林肯镇的公民目睹了一场无聊的争论。这场争论是
在当地的一家报纸上展开的，争论的话题是古希腊作家梅利埃格的一
首诗作的英译文的原创性。这篇译文曾作为"林肯14岁的G.B."的作品
刊登在《林肯报》（Lincoln Herald）上，后来P.W.B.撰文指控G.B.剽窃。
P.W.B.承认他无法提供G.B.抄袭的出处，他只是认为这样一篇作品竟
会出自一个14岁的孩子之手是不可思议的。这场论战使G.B.和P.W.B.之
间来往过几封书信，它们都被原封不动地刊登在《林肯使者》上。

　　乔治·布尔的家庭早就发现了他的能力，却没有钱让他接受正规
的教育。于是，在父亲的重要帮助下，乔治主要依靠自学成才。布尔
不仅学习了拉丁语和希腊语，学习了法语和德语，而且还能（当然是
很久以后）用这些语言写出数学研究论文。他从未信仰过任何教派，
他发现自己不可能信仰基督的神性，但他在整个一生中却秉持着强烈
的宗教信念。他不久就抛弃了自己早先成为英国圣公会牧师的念头，
这固然是由于他的信仰，但更重要的是因为当父亲的生意破产之后，
他的家庭需要直接的经济来源。当乔治在离家40英里以外的一所卫
理公会学校当一名教师时，他还不满16岁。2年之后他被解雇了，这
显然是因为他的不敬神的行为受到了责难：他星期天研究数学，甚至
在做礼拜时也是如此！其实，正是在这个时候，布尔才开始越来越转
向数学。后来，他在回忆早年的这段生活时解释说，由于买书的钱非
常有限，他发现数学书提供了最好的机会，因为看完它们要比看完其
他书花费更长的时间。他还喜欢谈及自己在卫理公会学校期间突然降
临到身上的灵感。走过一片田野时，一个想法突然在他头脑中闪过：
应该可以用代数形式来表达逻辑关系。这一体验曾被一位传记作家比
作保罗走向大马士革的道路，它只有在许多年之后才会结出硕果。[3]

乔治·布尔

　　离开卫理公会学校之后，布尔在利物浦找到了一个职位。但在那里教了 6 个月课之后，他就感到不得不离开了，这可能是因为学校的校长下了逐客令，因为（用他妹妹的话说）他"无所顾忌地沉溺于自己强烈的欲望和激情当中"。[4]他的下一份工作持续的时间也不长。19 岁那年，乔治·布尔决定在他的家乡林肯创办他自己的学校，以使他的家庭得到稳定的经济来源。15 年来，布尔一直都成功地担任着校长一职，直到接受了爱尔兰的科克（Cork）城新成立的一所大学的教授职位为止。他的学校（接连有三所）是他的父母和兄弟姐妹唯一的经济支柱，尽管这还需依赖于他的妹妹玛丽·安和弟弟威廉后来的帮助。

　　虽然经营一所走读的寄宿学校并且讲无数的课程很可能需要整日操劳，但布尔正是在这个时期从一个数学学生转变成了一位富有创造力的数学家。此外，不知怎地，他还抽出一些时间进行社会改良活动。他是林肯镇一个女忏悔者之家的创办人和托管人，其目的是"为在美德的道路上失足的女性提供一个暂时的收容所，通过道德和宗教教育，使她们养成勤勉的习惯，从而赢得社会的尊重"。布尔的传记作家说，这个机构所要帮助的女忏悔者指的就是妓女（维多利亚时期的林肯显然有许多）。[5]其实更有可能的情况是，这里的顾客通常是一个年轻的女仆，她发现自己怀孕了，同时又被与她处于同一社会阶层的情人在许诺了婚约之后抛弃。¹从乔治·布尔的两篇关于非数学主题的讲演中，我们也许可以对他关于性问题的态度略知一二。在一篇有关教育的讲演中，他警告说：

---

1. 伦敦一个类似机构的研究 [Barret-Ducrocq] 讲述了许多这样的悲惨故事。

现存的希腊罗马文献中有很大一部分……都被其中提及的异教之罪恶（往往不只是提及）深深地玷污了……但我不相信，当单纯的年轻人面对被恶污染的东西时会没有危险。[6]

在一篇有关适当利用闲暇的讲演中［在"林肯提早打烊协会"（Lincoln Early Closing Association）胜利赢得10小时工作日之后所作］，布尔严厉地说：

没有理由在那些背离美德的事务中寻求满足。[7]

同父亲一样，布尔也与林肯的技工学院有着不解之缘。这些技工学院主要致力于对工匠和其他工人进行业余教育，它们曾在维多利亚时期如雨后春笋般遍及英国全境。布尔在林肯的一家技工学院做一些委员会工作，他的责任是为改善图书馆提供建议、做讲演以及无偿教授许多课程。

然而不知为什么，在做所有这些事情的同时，他还抽出时间研究了英国和大陆的一些最重要的数学文献，并且开始做出自己的贡献。布尔的许多早期工作见证了莱布尼茨对恰当的数学符号系统的力量的信念，符号似乎无须什么帮助就能奇迹般地产生出问题的正确答案，为此莱布尼茨曾举过代数的例子。在英国，当布尔开始自己的工作时，人们已经渐渐认识到代数的力量来自于这样一个事实，即代表着量和运算的符号服从不多的几条基本规则或定律。这就暗示着，同样的力量也可适用于形形色色的对象和运算，只要它们也服从这其中某些同样的定律。[8]

　　在布尔的早期著作中，他把代数方法应用于那些被数学家称为算子的对象上。它们对普通代数的表达式进行"运算"，以形成新的表达式。布尔对微分算子特别感兴趣，之所以有这样的称呼，是因为它们包含着前一章所提到的微积分的微分运算。[9]这些算子被认为具有特殊的重要性，因为物理世界中的许多基本定律都具有微分方程（即包含微分算子）的形式。布尔说明了某些微分方程如何可能通过把普通代数方法应用于微分算子而得到解决。今天，工程和科学专业的学生通常在大学二年级或三年级的微分方程课上学习这些方法。

　　在担任校长期间，布尔在《剑桥数学杂志》（Cambridge Mathematical Journal）上发表了不少研究论文。此外，他还提交了一篇很长的论文给《皇家学会哲学会刊》（Philosophical Transactions of the Royal Society）。起初，皇家学会不愿考虑这样一个外行所提交的文章，但他们最终还是接受了它，并且授予它金质奖章。[10]布尔的方法是引入一种技巧，然后把它应用于若干实例。与那些得到解决的例子一样，他通常并不要求证明他的方法是正确的。[11]

　　就在这个时候，布尔开始与几位顶尖的英国年轻数学家进行通信并且发展了友谊。事实上，正是苏格兰哲学家威廉·汉密尔顿爵士与布尔的朋友奥古斯都·德摩根之间的一场争论，才把布尔的思想带回到了他很久以前的那次灵光闪现，即逻辑关系也许可以表示成一种代数。尽管汉密尔顿在形而上学方面学识很渊博，但他似乎有点像一个热衷于争吵的愚人。他发表文章对数学作为一门学科进行攻击，这只可能是由于他对这门学科甚为无知造成的。事情的导火索是德摩根发表的一篇关于逻辑学的文章，汉密尔顿声称他剽窃了他本人在逻辑学上的伟大发现，即他所说的"谓词的量化"。我们无须花费时间来理解这一思想或它所引发的激烈争论 —— 它之所以重要，仅仅是因为它激励了乔治·布尔。[12]

曾令年轻的莱布尼茨如此着迷的亚里士多德的古典逻辑包括这样一些句子，如：

1.所有的植物都是有生命的。

2.没有河马是聪明的。

3.有些人说英语。

布尔逐渐认识到，在逻辑推理中，像"有生命的""河马"或"人"这样一些词的重要之处在于它所描述的所有个体的类（class）或群体（collection）：有生命事物的类、河马的类、人的类。不仅如此，他还认识到这种类型的推理可以用一种关于这些类的代数来表达。布尔用字母来表示类，就像字母以前曾被用来表示数或算子一样。如果字母 x 和 y 表示两种特定的类，那么布尔就说，xy 表示既在 x 中又在 y 中的事物的类。正如布尔本人所说的：

　　……假如一个形容词，比如说"好的"，被用作一个描述词，那么让我们用一个字母，比如说 y 来表示可以

> 用"好的"来描述的所有事物，即"所有好的事物"或
> "好的事物"的类。再令 xy 这一组合表示同时适用于 x 和
> y 所代表的名称或描述词的所有事物的类。于是，如果 x
> 表示"白的东西"，y 表示"绵羊"，则 xy 表示"白绵羊"；
> 类似地，如果 z 表示"有角的东西"……则 zxy 表示"有
> 角的白绵羊"。[13]

在某种意义上，布尔认为这种类的运算类似于数的乘法运算。然而，他发现了一个重要区别：如果 y 仍然表示绵羊的类，那么 yy 表示的是什么呢？它必定表示既是绵羊，又是……绵羊的那种事物的类。但这与绵羊的类是一样的，所以 $yy = y$。如果认为布尔把他的整个逻辑体系都基于如下事实，即当 x 表示一个类时，方程 $xx=x$ 总是为真，那么这样说并不过分。我们以后还会回到这一点上来。[1]

当乔治·布尔的第一部关于逻辑作为数学的一种形式的革命性专著出版时，他的年龄是 32 岁。他的阐释更为完善的著作《思维的法则》（*The Laws of Thought*）出现在 7 年以后。在布尔的一生中，这段时间是多事之秋。布尔的社会阶层以及不合常规的教育显然使他丧失了在一所英国大学任职的机会。但奇怪的是，正是爱尔兰"问题"给了布尔一个机遇。爱尔兰对英国的许多规定都甚为不满，其中有一项就是他们唯一的一所大学——位于都柏林的三一学院具有新教特色。作为答复，英国政府提议在科克、贝尔法斯特和戈尔韦新建三所大学，称为皇后学院，它们将不受宗教派别限制。尽管受到了爱尔兰政治和

---

1. 布尔的方程 $xx=x$ 可以与莱布尼茨的 $A \oplus A=A$ 相比。两者都是要把一个运算应用于两项，当把这种运算应用于一项和它自身之时，得到的结果是同一项。

宗教知名人士的斥责，因为他们要求建立一所具有绝对的天主教特色的机构，但计划还是向前推进了。布尔决定向这些大学当中的一所申请职位，3年以后，他终于在1849年被任命为科克皇后学院的数学教授。

1849年前后，爱尔兰遭遇了一场由马铃薯晚疫病（一种极具破坏力的真菌疾病，它摧毁了爱尔兰的穷人们赖以生存的马铃薯作物）引起的极为严重的饥荒和病害。许多没有饿死的人也因免疫系统虚弱而被伤寒、痢疾、霍乱和回归热等传染病夺去了生命。英国的统治者很晚才认识到真菌才是这场灾难背后的真正原因，他们反倒指责这是爱尔兰人所谓的好逸恶劳所致。这种社会分析被用来证明从爱尔兰源源不断地出口食物是正当的，而与此同时，数百万人则没有东西吃或被活活饿死。1845年至1852年间，在800万爱尔兰人中，至少有100万人丧命，另外150万人逃往国外。[14]

布尔对此几乎没有什么话可说，他强烈的愤慨集中在对动物的残忍上。事实上，他对爱尔兰人的态度非常暧昧，正如布尔在科克的皇后学院举行落成典礼时所写的一首十四行诗中所说：

> 你的苦难和眼泪饱经沧桑，
> 但在智慧上你依然年轻。
> 你对过去所积存的痛苦思想，
> 出自那忘却而疲惫的内心。[15]

尽管科克不是主要的知识或文化中心，但这一职位却使布尔过上了一种能够与他作为这个世纪伟大数学家的身份相适应的生活。他的父亲刚刚过世，在为母亲提供适当的必需品之后，他终于可以卸下养家糊口的重担，而考虑过一种个人生活了。对于一所大学来说，在科克的学院里所教授的数学的水平是相当低的。课程提纲以"分数和小数算术"开始，接下来是今天在中学里讲授的那些内容。布尔的年薪是250英镑，每学期还可以从每个学生那里收取2英镑的学费。由于他没有助手，所以他每周要批改他所布置的全部家庭作业。

关于皇后学院的争论仍在继续。虽然科克的校长是著名的天主教科学家罗伯特·凯恩爵士，但天主教显然未被充分地凸显出来：在21个学术成员中，只有他和另一个人是天主教徒。事实上，天主教会的统治集团甚至禁止神职人员参与学院的工作。有些人感到，爱尔兰的职位候选人有时会被有意地忽略，从而为那些相对平庸的英格兰人或苏格兰人创造机会。凯恩校长也不受他的教员们爱戴。由于他的妻子不希望在科克生活，所以这位校长试图从都柏林控制这个学院，加之他的独断专行，这些因素最终酿成了校长与全体教员之间的一场直接斗争，布尔时常被卷入这些毫无结果的斗争当中。[16]

玛丽·埃佛勒斯是布尔未来的妻子，她后来就一些科克居民对她未来丈夫的态度描述了自己的初步印象。当被问及"这位数学教授怎么样"时，一位女士的回答是，"哦，他是那种你可以放心地把女儿托付给他的人"。还有另一位女士，当她向埃佛勒斯小姐解释自己的孩子为什么不在身边时，她说乔治·布尔带他们散步去了，并且说当他和这些孩子在一起时她自己总是很快乐。对于似乎每个人都很喜欢布尔这样一种回答，那位女士提出了异议：

　　　　他不是我最喜欢的人⋯⋯至少，我不喜欢与他交往。
　　我不在乎是否与这样的老好人在一起⋯⋯他从不向你表
　　明他觉得你坏，但是当你接近任何一个如此单纯而圣洁的
　　人时，你不由得会感觉他一定对你感到非常震惊，他使我
　　感到自己非常令人厌恶；但是当孩子们和他在一起时，我
　　总是很自在，我知道他们正在获益。[17]

　　玛丽·埃佛勒斯是一个性情古怪的牧师的女儿，中校乔治·埃佛勒斯爵士的[1]侄女。她也是布尔的朋友和同事约翰·瑞奥的外甥女，后者是科克皇后学院的副校长和希腊语教授，乔治和玛丽就是他介绍认识的。玛丽从小就表现出了数学上的聪慧。在乔治开始辅导她之后，他们成了好朋友，并且频繁地通信。布尔似乎相信，他们在年龄上相差的17岁可以排除事情进一步发展的任何可能。但在他们第一次会面5年之后，随着玛丽父亲的过世，事情到了该了结的时候了。由于玛丽在经济上难以为继，乔治立即提出求婚。就在这一年，他们结了婚。

　　他们的婚姻仅仅持续了9年，因为布尔在49岁时就去世了。此前，布尔曾于寒冷的10月在一场暴风雨中步行了3千米去上课。随后患上的支气管炎不久就发展成了肺炎，两个星期之后，他离开了人世。颇具悲剧色彩的是，他妻子对医学的古怪看法可能加速了他的死亡——她似乎用湿冷的床单包裹他来治疗他的肺炎。[18]

31

---

1. George Everest(1790—1866)，英国人，曾任印度大地测量局总测量师。英国殖民者以他的名字命名珠穆朗玛峰。——译者

　　显然，这场婚姻是非常幸福的。[19] 玛丽·布尔回忆说，它"就像一场温暖和煦的梦"。布尔的遗孀一直活到 20 世纪，享年 84 岁，其时第一次世界大战的战火烧到了海峡对岸。她变得越来越沉迷于各种神秘信仰当中，而且还写了大量不知所云的文字。他们的五个女儿的生活都很有意思。三女儿艾丽西娅的几何能力非常出众，她能够十分清楚地想象四维的几何对象，这使她能够做出一些重要的数学发现。不过，最令人惊讶的还是小女儿埃塞尔·莉莲。当父亲去世时她还只有 6 岁，她记得自己的童年是在极度贫困中度过的。莉莉（她的昵称）进入了 19 世纪末生活在伦敦的俄国革命流亡者的圈子里。在一次前往俄国（那时包含了波兰的大部分地方）帮助她那些革命战友的途中，当她凝视华沙的堡垒时，她未来的丈夫威尔弗雷德·伏尼契从牢房中看到了她。数年之后，伏尼契在逃到伦敦时认出了她。这一浪漫的开端促成了他们的婚姻。

　　莉莉后来以写作《牛虻》（*The Gadfly*）一书而闻名，这部小说的灵感得自她与一个名叫西德尼·赖利的人之间发生的短暂而热烈的爱情，他不可思议的一生成就了一部名为《赖利：间谍好手》（*Riley: Ace of Spies*）的电视连续短剧。极具讽刺意味的是，赖利这位强烈反对共产主义的人被布尔什维克在俄国处死，而他的情人的这部真实灵感不为人所知的小说却成了俄国学童的必读书。1955 年，《真理报》告诉莫斯科的读者，《牛虻》的作者还活着，在纽约生活，她收到了从苏联寄来的一张 15000 美元的特许支票。5 年后，她以 96 岁的高龄去世。[20]

乔治·布尔的逻辑代数

　　回到布尔应用于逻辑的新代数。我们还记得，如果 x 和 y 表示两个类，则布尔将用xy表示那些既属于x又属于y的东西的类，他用这个记号是要暗示与普通代数中的乘法的类比。用现在的术语来说，xy被称为x和y的交集。[21] 我们还看到，当x表示一个类时，方程$xx=x$总是为真。这使布尔提出了一个问题：在x表示一个数的普通代数中，什么时候方程$xx=x$为真？答案很显然：仅当x为0或1时方程才为真。于是布尔得出了一条原理：如果只限于0和1两个值，那么逻辑代数就成了普通代数。然而，要说明这一点，就必须把符号0和1解释成类。0和1在普通乘法中的运算分别为此提供了线索：0乘以任何数都等于0；1乘以任何数都等于那个数。用符号来表示就是：

$$0\,x=0\,，\,1\,x=x\,。$$

对于类而言，如果我们把0解释成一个没有任何东西属于它的类，那么对于任何x，$0x$都将等于0；用现代的术语来说，0为空集。类似地，如果1包含我们所考虑的每一个对象，那么对于任何x，$1x$都将等于x，或者说，1是我们所要言说的全体。

普通代数处理的是加减法和乘法。如果布尔要把逻辑代数解释为遵守特殊规则$xx=x$的普通代数，那么他就需要对＋和－做出解释。如果x和y表示两个类，布尔就用$x+y$来表示或者在x中，或者在y中的所有事物的类，今天它被称为x和y的并集。布尔本人的例子是，如果x表示男人的类，y表示女人的类，则$x+y$就是由所有男人和女人所组成的类。布尔还用$x-y$表示在x中但不在y中的事物的类。[22] 如果x表示所有人的类，y表示所有孩子的类，那么$x-y$就表示所有成年人的类。特别地，$1-x$将表示不在x中的事物的类，从而

$$x+(1-x)=1 \text{。}$$

让我们看看布尔的代数是如何工作的。我们用普通代数的记号把 xx 记作 x^2。于是布尔的基本规则可以写成 $x^2=x$ 或 $x-x^2=0$。根据通常的代数规则把这个方程因式分解，得到

$$x(1-x)=0，$$

用语言来描述就是：没有任何东西可以既属于又不属于一个给定的类 x。对布尔来说，这是一个令人振奋的结果，因为这使他确信自己的路走对了。正如他引用亚里士多德的《形而上学》中的话所说，这个方程精确地表达了

> ……曾被亚里士多德说成是一切哲学的基本公理的"矛盾律"。"同一种性质既属于又不属于同一个东西，这是不可能的……这是一切原理中最确定无疑的……因此，那些做论证的人把这当成一条最终的意见。因为它就其本性而言是其他一切公理的来源。"[23]

当布尔引入新的一般观念时，他一定像所有科学家那样很高兴看到它能够获得证实：像亚里士多德的矛盾律这样一个早期的重要里程碑原来只不过是新观念的一个特殊应用而已。事实上，在布尔的时代，研究逻辑的人普遍都把整个学科等同于亚里士多德在许多个世纪以前所做的工作。正如布尔所说，这就等于坚持"逻辑科学不会像所有其他科学那样有不完美之处，也不会像它们那样有所进步"。亚里

34

士多德所研究的那部分逻辑处理的是一种被称为三段论的非常特殊的受限推理。这些推理从一对被称为前提的命题出发，得出另一个被称为结论的命题。前提和结论都必须用下列四种类型之一的句子来表示：

句子类型	例子
所有 X 都是 Y。	所有的马都是动物。
没有 X 是 Y。	没有树是动物。
有些 X 是 Y。	有些马是纯种马。
有些 X 不是 Y。	有些马不是纯种马。

下面是一个有效的三段论的例子：

$$所有 X 都是 Y$$
$$所有 Y 都是 Z$$
_____
$$所有 X 都是 Z$$

说这个三段论是有效的，就意味着无论 X、Y、Z 被代之以什么样的性质，只要两个前提为真，那么结论也将为真。下面是这个三段论的两个例子：

所有的马都是哺乳动物。　　　所有怪物都是蛇鲨。

所有哺乳动物都是脊椎动物。　所有蛇鲨都是紫色的。

————————————————　————————————————

所有的马都是脊椎动物。　　　所有怪物都是紫色的。

我们可以很容易地用布尔的代数方法来证明这个三段论是有效的。说 X 中的每一个东西也属于 Y，就等于说没有任何东西是属于 X 却不属于 Y 的，也就是说 $X(1-Y)=0$，或者 $X=XY$。类似地，第二个前提可以被写成 $Y=YZ$。利用这些方程我们得到

$$X = XY = X(YZ) = (XY)Z = XZ,$$

即为我们所想要得到的结论。[24]

当然，并不是每一个三段论都是有效的。只要把前面这个例子的第二个前提和它的结论互换一下，我们就得到了一个无效三段论的例子：

所有 X 都是 Y

所有 X 都是 Z

————————————————

所有 Y 都是 Z

这时就不能用 $X=XY$ 和 $X=YZ$ 的前提来得到 $Y=YZ$ 的结论了。

回想起来，我们很难理解人们竟然普遍相信三段论推理便构成了逻辑的全部。布尔严厉批评了这一观念。他指出，许多日常推理都涉及他所谓的二级命题，即表达其他命题之间关系的命题。这种推理就

不是三段论。

举一个这种推理的简单例子。让我们听一下乔和苏珊之间的一场对话。乔找不到他的支票簿了，苏珊正在帮他。

> 苏珊：你是不是在买东西时把它忘在超市了？
>
> 乔：没有，我给他们打过电话，他们没有找到。如果我把它忘在那了，他们肯定就能找到。
>
> 苏珊：等一等！你昨天晚上在饭馆开过一张支票，我看见你把支票簿放在夹克口袋里了，如果你从那时起就没有再用过它，那么它肯定还在那里。
>
> 乔：你说对了。我没有用过它。它就在我的夹克口袋里。

乔看了看，（如果逻辑学对这一天来还适用的话）丢失的支票簿就在那里。让我们看看布尔的代数如何能被用于分析乔和苏珊的推理。

在他们的推理中，乔和苏珊处理的是如下命题（每一个命题都用 36 一个字母来表示）：

$L=$乔把支票簿忘在了超市。

$F=$乔的支票簿在超市找到了。

$W=$乔昨晚在饭馆开了一张支票。

$P=$昨晚开了支票之后，乔把支票簿放在了他的夹克口袋里。

$H=$乔从昨晚起就没有再用过他的支票簿。

$S=$乔的支票簿仍然在他的夹克口袋里。

他们用了如下推理形式：

前提：

如果 L，那么 F。

非 F。

W 且 P。

如果 W 且 P 且 H，那么 S。

H。

结论：

非 L。

S。

就像亚里士多德的三段论一样，这一形式构成了一个有效推理。因为一如任何有效的推理，被称为结论的句子的真可以从其他被称为前提的句子的真推导出来。

37　　布尔发现，适用于类的同一种代数也可适用于这种推理。[25] 他用一个方程，比如说 $X=1$，来表示命题 X 为真。于是，他会用方程 $X=0$ 来表示 X 为假。因此，对于"非 X"，他可写为 $X=0$，而用方程 $XY=1$ 表示"X 且 Y"。之所以如此，是因为恰恰当 X 和 Y 均为真时，X 且 Y 才为真；而在代数上，如果 $X=Y=1$，则 $XY=1$，但如果 $X=0$ 或 $Y=0$（或两者都等于 0），那么 $XY=0$。

最后，"如果 X，那么 Y"这一陈述可以用以下方程来表示：

$$X(1-Y)=0 \text{。}$$

为了理解这一点，把这条陈述当成是在断言

如果 $X=1$，那么 $Y=1$。

而事实上，把 $X=1$ 代入这一方程，便可得到 $1-Y=0$，即 $Y=1$。

利用这些思想，乔和苏珊的前提就可以用以下方程来表示：

$$L(1-F)=0,$$
$$F=0,$$
$$WP=1,$$
$$WPH(1-S)=0,$$
$$H=1 \text{。}$$

把第二个方程代入第一个，我们即可得到 $L=0$，即所要得到的第一个结论。把第三个方程和第五个方程代入第四个，我们就得到 $1-S=0$，即所要得到的另一个结论 $S=1$。

当然，乔和苏珊不需要这种代数。但在人类日常交流背后正在不自觉地发生的那种推理，却可以为布尔的代数所把握。于是鼓励人们期望更为复杂的推理也可能被把握。也许可以认为数学系统地概括了极为复杂的逻辑推理，所以要想对一种以完备性为目标的逻辑理论进[38]行最终的检验，就要看它是否包含了一切数学推理。我们将在下一章回到这个问题。

　　作为布尔方法的最后一个例子，我们回到这一章开头提到的塞缪尔·克拉克对上帝存在性的证明。我们姑且不论克拉克冗长而复杂的演绎，至少看看布尔是怎么做的就很有意思。我们引用一个小片段：[26]

　　前提是：

　　第一，某种东西存在。

　　第二，如果某种东西存在，那么或者某种东西一直存在，或者现存的东西是从无中产生的。

　　第三，如果某种东西存在，那么它或者是依其自身本性的必然性而存在，或者是凭借另一个存在者的意志而存在。

　　第四，如果它是依其自身本性的必然性而存在的，那么就有某种东西是一直存在的。

　　第五，如果它是凭借另一个存在者的意志而存在的，那么现存的东西是从无中产生的假说就为假。

　　我们现在必须用符号表达上述命题。

　　设

　　　　$x =$ 某种东西存在，

　　　　$y =$ 某种东西一直存在，

z = 现存的东西是从无中产生的，

p = 它依其自身本性的必然性而存在（即上面讲到的某种东西），

q = 它通过另一个存在者的意志而存在。

布尔接着由前提获得了以下方程：

$$1-x=0,$$
$$x\{yz+(1-y)(1-z)\}=0,$$
$$x\{pq+(1-p)(1-q)\}=0,$$
$$p(1-y)=0,$$
$$qz=0。$$

对于这种把复杂的形而上学推理还原为简单方程的运算，我们不知 [39]
克拉克会做何感想。作为牛顿的一个追随者，他也许会高兴。但憎恶数学的好斗的形而上学家威廉·汉密尔顿爵士必定会对此惶恐万分。

布尔与莱布尼茨之梦

布尔的逻辑体系不仅包含了亚里士多德的逻辑，而且还远远超过了它。但这距离实现莱布尼茨的梦仍旧非常遥远。考虑下面这个句子：所有失败的学生或是糊涂的或是懒惰的。有人也许会认为这个句子属于

$$所有 X 都是 Y$$

的类型。但这就要求糊涂学生或懒惰学生的类被当成一个单元来处理，而不允许有推理对那些由于糊涂而失败的学生和由于懒惰而失败的学生进行区分。在下一章中，我们将会看到戈特洛布·弗雷格的逻辑体系是如何包含这种更为微妙的推理的。

　　把布尔的代数用作一个演算规则的系统是非常直接的，我们也许可以说，在其界限之内，它提供了莱布尼茨曾经寻求的微积分的推理演算。莱布尼茨关于这些内容的著述是以书信的形式保留下来的，此外还有其他一些未发表的文献。只是到了 19 世纪末，才有人认真地搜集和出版这些著作，所以布尔是不大可能知道他的前辈的努力的。不过，把布尔成熟的系统与莱布尼茨零碎的尝试比较一下是有趣的。我们在第 1 章中所引述的莱布尼茨的话把 $A \oplus A = A$ 作为第二条公理，于是，莱布尼茨所考虑的运算就会遵循布尔的基本规则：$xx = x$。此外，莱布尼茨提议把他的逻辑表示成一个成熟的演绎系统，在其中所有规则都可由少数公式推导出来。这与现代的做法相一致，它显示在这个方面莱布尼茨曾超前于布尔。

40　　　乔治·布尔的伟大成就是一劳永逸地证明了逻辑演绎可以成为数学的一个分支。尽管在亚里士多德的先驱工作之后，逻辑学上曾经有过某些发展（特别是希腊化时期的斯多葛派和 12 世纪的欧洲经院学者），但布尔却发现这门学科从本质上说仍然是 2000 年前亚里士多德之后的样子。从布尔开始，数理逻辑就一直处于连续不断的发展之中。[1]

---

1. 符号逻辑学会这一国际性组织为传播新的研究出版了两份季刊，并且定期举行会议。欧洲的逻辑学家有他们自己的年会。有关逻辑和计算机之间关系的新工作会提交给"计算机科学中的逻辑"和"计算机科学逻辑"国际年会。

第3章
弗雷格：从突破到绝望

41

耶拿是一座具有中世纪风格的小城，后来成为德意志民主共和国的一部分。1902年6月，年轻的英国哲学家伯特兰·罗素往这里发了一封信，收信人是53岁的戈特洛布·弗雷格。尽管弗雷格相信自己已经做出了重大的基本发现，但他的工作却几乎完全被忽视了。当他读到下面这些话时，他一定是比较欣慰的，"我发现我在一切本质方面都赞成您的观点……我在您的著作中找到了在其他逻辑学家的著作中不曾有过的探讨、区分和定义"。但这封信又接着写道："我只在一个地方碰到了困难。"弗雷格不久就认识到，正是这个"困难"几乎导致他毕生的工作毁于一旦。罗素又继续写道："对基本问题进行严格的逻辑处理依然相当滞后，我在您的著作中找到了我所知道的这个时代最优秀的东西，因此，请允许我向您表达深深的敬意。"但这已经于事无补了。

弗雷格马上给罗素回信承认这个问题。当时，他把自己的逻辑方法应用于算术基础的著作的第二卷马上就要出版，于是他连忙加了一个补遗，开头是这样的："正当工作就要完成之时发现那大厦的基础已经动摇，对于一个科学工作者来说，没有什么能比这更为不幸的了。伯特兰·罗素的一封信使我置身于这样的境地。"

42

又过了许多年，此时距弗雷格去世已逾40年，伯特兰·罗素写道：

> 每当我想到正直而又充满魅力的行动时，我意识到没有什么能与弗雷格对真理的献身相媲美。他毕生的工作即将大功告成，其大部分著作曾被能力远不如他的人所忽视。他的第二卷著作正准备出版，一发现自己的基本设定出了错，他马上报以理智上的愉悦，而竭力压制个人的失望之情。这几乎是超乎寻常的，对于一个致力于创造性的工作和知识，而不是力图支配别人和出名的人来说，这有力地说明了这样的人所能达到的境界。[1]

当代哲学家迈克尔·达米特的大部分工作都受到了弗雷格思想的启发。然而，当他谈到弗雷格的"正直"时，却是别有一番心情：

> 对我来说不无讽刺意味的是，这个曾让我花费大量时间研究其思想的哲学家，至少到了晚年，却是一个恶毒的种族主义者，特别是一个反犹主义者……[他的]日记显示，弗雷格曾经是一个极端右翼分子，他强烈抵制议会体制、民主主义者、自由主义者、天主教徒、法国人和犹太人，他认为他们应当被剥夺政治权利，最好是被逐出德国。我被深深地震撼了，因为我曾经把弗雷格尊为一个绝对理性的人。[2]

弗雷格的贡献极为重要。他提出了把普通数学中一切演绎推理都包含在内的第一个完备的逻辑体系，他用逻辑分析工具来研究语言的开拓性工作为哲学的主要发展提供了基础。今天，在一个标准的大学图书馆中，在"戈特洛布·弗雷格"的条目下可以查到50多项。然而，[43]当他1925年去世时却很痛苦，他认为自己一生的工作毫无结果，他的死也没有受到学术界的注意。即使是现在，我们对他个人生活的了解也少得可怜。[3]

1848年11月8日，戈特洛布·弗雷格出生在注定要成为德意志民主共和国一部分的小城维斯玛。他的父亲是福音派新教神学家，担任一所女子中学的校长职务（他的母亲也在那里工作）。弗雷格38岁那年与35岁的玛格丽特·丽瑟贝格结了婚，7年后丽瑟贝格便去世了，没有留下子嗣。1908年，弗雷格应一位牧师亲戚的请求，领养了一个5岁大的孤儿。正是这个儿子阿尔弗雷德把弗雷格写于1924年即去世前一年的声名狼藉的日记公之于众，从而使迈克尔·达米特对事实的真相气愤不已。阿尔弗雷德·弗雷格本人则于1944年6月在德军占领巴黎的一次战斗中被杀，此时联军登陆诺曼底刚刚过去一个多星期，距巴黎解放也只有两个月了。阿尔弗雷德从他父亲的手稿中打印出这本日记，并于希特勒掌权5年后的1938年把它送到了海因利希·肖尔茨负责的弗雷格档案馆。在那个年代，令迈克尔·达米特气愤不已的情绪在德国似乎是司空见惯的。手稿本身以及阿尔弗雷德写的关于他父亲的一本传记都遗失了。

弗雷格进入大学时是21岁。在耶拿大学待了2年之后，他到了哥廷根大学。3年之后，他在那里拿到了一个数学博士学位。接着，他被任命为耶拿大学的编外讲师。这个时候，弗雷格似乎是由他的母亲资助的，父亲死后，母亲便接管了女子学校。5年以后，弗雷格被任命为耶拿大学的副教授，在那里他一直待到1918年退休。他的同事并不很欣赏他的工作，所以他从未晋升为正教授。

　　1873年，新统一的德国一片欢腾。与拿破仑三世的法国进行的战争以伟大的胜利而告终，工业正以极快的速度发展着。德皇威廉一世去世之前，他的首相俾斯麦一直通过一种圆滑的政策，即一个精心培育的联盟体系来维护德国的安全。在弗雷格的一生中，俾斯麦和威廉皇帝一直是他心目中的英雄。然而，俾斯麦是一个主张皇帝完全掌管军事外交的彻底的保守分子，他憎恶民主，并且制定法律禁止了社会民主党的许多活动。

　　威廉二世在继任后不久便解除了俾斯麦的职务。新皇帝是一个虚荣而缺乏自信的人，他实行了一种灾难性的外交政策。他对自己的策略所能造成的影响一次次地判断失误，这使得其他欧洲政权如此恐慌，以至于法国、俄国和英国组成了一个联盟来对付德国。面对着东边俄国和西边法国的腹背受敌的战争危险，德国参谋部抛出了机智但最终是灾难性的"施利芬计划"，以期能够抢在俄国动员起来之前迅速击溃法国。[4]

　　1914年夏，由于斐迪南大公被刺以及德国的怂恿，奥地利入侵塞尔维亚，挑起了第一次世界大战。为了表明不能允许奥地利侵略其斯拉夫兄弟的决心，俄国开始了动员。德国将军向德皇解释说，作为回应，他们必须马上实施通过比利时发动袭击的"施利芬计划"。随后，德军对中立的比利时的侵犯把英国也拖入了这场灾难性的战争，其后

（数理逻辑与基础研究研究所，明斯特大学）
戈特洛布·弗雷格

果所造成的阴影笼罩了整个 20 世纪。战争期间，事情很少按照计划进行，当"施利芬计划"逐渐被终止时，战争陷入了悲惨的僵局，整整一代欧洲人的中坚力量在战壕中惨遭杀戮。德国的学术界中有许多人似乎还不知道战争的形势越来越糟，他们还在为和平奔走呼号，而德国也将并吞大量地盘，包括比利时全境。

正当胜利与德国无缘，英国的包围造成德军伤亡之时，军事指挥权落到了鲁登道夫将军手里。这个反复无常的赌徒（他后来参加了希特勒的啤酒馆政变）拒绝妥协，直到英军在巴尔干半岛的一次突围差点卷击德军的侧翼，鲁登道夫才愁眉苦脸地向德皇禀报不得不休战。这样便结束了战争和德国的君主制。

新的德国共和国的执政党是社会民主党，许多德国人（包括弗雷格）都相信德国是违背自己的意志被迫进行战争的，它不曾战败，而是被社会主义者和（许多人马上又加上）犹太人出卖了。正是这种有害的气氛最终为希特勒掌权创造了机会。

1923 年，战后的恶性通货膨胀使私人存款以及弗雷格的养老金变得一文不值。由此导致的贫困迫使他不得不寄宿在亲戚家里，一直到他 1925 年在维斯玛附近的巴特克莱纳去世。正是在这样的环境下，他写了他那可悲的日记。他希望能有一位伟大的领袖把德国从它所陷入的卑下地位中拯救出来。弗雷格曾经对鲁登道夫抱有很高的希望，但后来却失望地发现他参与了希特勒的政变。他仍然对鲁登道夫将军抱有幻想，但却担心他的年纪太大了。弗雷格没有活着看到兴登堡把共和国的钥匙交给了阿道夫·希特勒。

在1924年4月所写的日记中，弗雷格回忆起一段他家乡的犹太人正以一种他认为合适的方式被对待的时光，而且还公开了他关于法国人及其有害影响的观点：

> 　　那时有法律规定，犹太人只有在某些一年一度的交易会上才能在维斯玛过夜……我猜想这一条款已经实施很久了。想必是维斯玛的老居民与犹太人接触的经历，才导致他们立了这个法。

> 　　这必定起因于犹太人做生意的方式，以及与这种做生意的方式紧密相关的犹太人的民族特征……甚至连犹太人也有了普选权，甚至连犹太人也有了迁徙自由，这都是来自法国的礼物。我们使法国人用礼物祝福我们变得太容易了。只要想想那些高贵而爱国的德国人……事实上，1813年以前，法国人把我们欺负得够可以的了，而我们却盲目崇拜法国的一切事物……只是在近些年来，我才真正理解了反犹主义。如果一个人希望针对犹太人立法，那么他就必须能够指定一种区分的标记，从而使人能够确切无疑地识别出犹太人。我一直把这看作一个问题。[5]

充分准确地定义犹太人，以便能够制定法律对付他们，这个问题对于弗雷格来说还只是个理论问题，而在纳粹统治之下就成了一个非常实际的问题。根据这种纳粹的种族规则，20世纪最伟大的思想家之一，并且是弗雷格的崇拜者和学生的路德维希·维特根斯坦就算得上是一个犹太人。

还有些日记责骂了社会民主党人和天主教徒：

> 1914年，帝国遭受着一个毒瘤的侵袭，那就是社会民
> 主党。
>
> （4月24日）
>
> 诚然，我认为教皇绝对权力主义及其在中央党中的
> 体现对我们的帝国和民族是非常有害的；然而，鲁登道夫
> 在他［最近的］文章中对教皇绝对权力主义者的阴谋的揭
> 示深深地困扰着我。[1]我请求任何还不相信中央党的彻底
> 非德意志精神的人阅读和反思一下鲁登道夫阁下的这篇
> 文章……这是暗中破坏俾斯麦帝国的最邪恶的敌人……
> ［教皇绝对权力主义者］将总是依凭教皇来获得指示。（4
> 月26日）[6]

弗雷格极端右翼的思想在一战后的德国并不罕见。然而，我们也
许想知道日记是否只代表着一个痛苦的（或许也是衰老的）老人在临
死前一年的思想。可惜，弗雷格曾经持右翼思想一段时间，这是没有
什么疑问的。弗雷格的同事，耶拿大学的哲学教授布鲁诺·鲍赫曾在
战争期间创立了一个右翼的哲学协会（DPG），并担任其会刊的编辑
工作。弗雷格是 DPG 的早期追随者之一，而且还在其会刊上发表文章。
鲍赫关于民族概念的文章宣称，没有犹太人可能真正成为德国人。当
纳粹1933年上台时，他的组织曾全力支持过纳粹。[7]

---

1. 中央党以罗马天主教会为旨归。它的"教皇绝对权力主义"指的是来自罗马的影响。

弗雷格的概念文字

　　当我们从弗雷格晚年可怕的观点转向他年轻时做出的辉煌贡献时，不禁会大舒一口气。1879年，[1]他出版了一本不到100页的小册子，名为《概念文字》（Begriffsschrift）。这是一个很难翻译的词，由弗雷格从德文词"Begriff"（概念）和"Schrift"（大致为"文字"或"书写方式"之意）拼接而成。其副标题是："一种模仿算术语言构造的纯思维的形式语言。"这部著作被誉为"也许是自古以来最重要的一部逻辑学著作"。[8]

　　弗雷格试图找到一个能够包含数学实践中全部演绎推理的逻辑系统。布尔把普通代数作为出发点，用代数符号来表示逻辑关系。就像其他的数学分支那样，由于弗雷格想以他的逻辑为基础而把代数构造出来，所以引入自己的特殊符号来表示逻辑关系以避免混乱是很重要的。布尔曾经认为用于表示其他命题之间关系的命题是二阶命题，在这里，弗雷格发现那些连接命题的关系也可被用于分析命题的结构，他把这些关系充当了他的逻辑的基础。后来这一重要思想被普遍接受，成为了现代逻辑的基础。

　　例如，弗雷格会用逻辑关系如果 ……，那么 …… 来分析句子

　　　　所有的马都是哺乳动物。

---

1. 我曾应邀在1979年的一次纪念《概念文字》100周年的科学会议上做了一个报告，在那次报告中，我回顾了它对于计算机科学的重大意义。这是我初次研究计算机科学在逻辑学上的历史背景，也是以本书为最终成果的研究的开始。

即

> 如果 x 是一匹马，那么 x 是一个哺乳动物。

[49] 类似地，他会用逻辑关系 …… 且 …… 来分析句子

> 有些马是纯种的。

即

> x 是一匹马，且 x 是纯种的。

然而，在这两个例子中，字母 x 的用法是不同的。在第一个例子中，我们想说的是，无论 x 可能是什么，即对于任何 x，所断言的都为真。但在第二个例子中，我们想断言的只是对于某个 x。在目前使用的符号体系中，对于任何被记作 $\forall$，对于某个被记作 $\exists$。于是。两个句子可以写为如下形式：

> $(\forall x)$（如果 x 是一匹马，那么 x 是一个哺乳动物），

> $(\exists x)$（x 是一匹马，且 x 是纯种的）。

符号 $\forall$ 是一个倒写的 A，暗示"所有"（All），称为全称量词。符号 $\exists$ 是一个向后写的 E，旨在暗示"存在"（exists），称为存在量词。于是第二个句子可以读作

存在一个x, 使得x是一匹马且x是纯种的。

通常把逻辑关系如果……，那么……记为⊃，把……且……记为∧。利用这些符号，上面的句子就变成：[9]

(∀x)（x是一匹马⊃x是一个哺乳动物），

(∃x)（x是一匹马∧x是纯种的）。

这可以被缩写为下面的形式：

50

(∀x)（马（x）⊃哺乳动物（x）），

(∃x)（马（x）∧纯种的（x））。

甚或更简洁地写成：

(∀x)（马（x）⊃哺（x）），

(∃x)（马（x）∧纯（x））。[1]

在上一章中，我们举了乔和苏珊用逻辑来寻找乔的支票簿的例子。在那个例子中，我们用字母简化句子如下：

1.在这两种缩写形式中，原文分别为英文单词和它的首字母。——译注

L＝乔把支票簿忘在了超市。

F＝乔的支票簿在超市找到了。

W＝乔昨晚在饭馆开了一张支票。

P＝昨晚开了支票之后，乔把支票簿放在了他的夹克口袋里。

H＝乔从昨晚起就没有再用过他的支票簿。

S＝乔的支票簿仍然在他的夹克口袋里。

他们的推理可以归结为如下模式：

前提：

　　如果L，那么F。
　　非F。
　　W且P。
　　如果W并且P并且H，那么S。
　　H。

结论：

　　非L。

S。

如果用符号 ¬ 来表示"非"，并且利用我们已经介绍过的其他符号，[51]
则上面的句子就变成：

$$L \supset F$$
$$\neg\, F$$
$$W \wedge P$$
$$W \wedge P \wedge H \supset S$$
$$\underline{\qquad\quad H \qquad\quad}$$
$$\neg\, L$$
$$S$$

还有最后一个符号：∨ 代表……或……。下表是对我们已经介绍过
的符号的总结：

¬ 非……
∨ ……或……
∧ ……且……
⊃ 如果……，那么……
∀ 任何
∃ 某个

　　在上一章的结尾，我们举了一个逻辑结构无法用布尔的方法进行
分析的例子，即

所有失败的学生或是糊涂的或是懒惰的。

而对弗雷格的逻辑而言，它是很简单的。如果用

$$F(x) \text{ 表示 } x \text{ 是一个失败的学生,}$$
$$S(x) \text{ 表示 } x \text{ 是糊涂的,}$$
$$L(x) \text{ 表示 } x \text{ 是懒惰的,}$$

则这个句子可以表示为：

$$(\forall x)(F(x) \supset S(x) \lor L(x))。$$

52　　　现在我们应该很清楚了，弗雷格并不仅仅是对逻辑发展了一种数学处理，他实际上创立了一种新的语言。在这一点上，他以莱布尼茨的普遍语言思想为导向，只要恰当地选择符号，语言就可以获得力量。[10] 这种语言的表达能力可以从下面的例子中体现出来，其中我们用 $L(x, y)$ 来表示 x 爱 y：

每个人都爱某人 $(\forall x)(\exists y) x$ 爱 y $(\forall x)(\exists y) L(x, y)$
某人爱每个人 $(\exists x)(\forall y) x$ 爱 y $(\exists x)(\forall y) L(x, y)$
每个人都被某人所爱 $(\forall y)(\exists x) x$ 爱 y $(\forall y)(\exists x) L(x, y)$
某人被每个人所爱 $(\exists y)(\forall x) x$ 爱 y $(\exists y)(\forall x) L(x, y)$

下面是另外一个例子：

　　　　　　　每个人都爱一个情人。

我们先把它写成

$$(\forall x)\ (\forall y)\ [y\text{是一个情人} \supset L\ (x, y)]。$$

　　如果我们把"一个情人"理解为"爱某个人"，则我们就可以用 $(\exists z)\ L\ (y, z)$ 来代替 y 是一个情人，最后我们得到：

$$(\forall x)\ (\forall y)\ [(\exists z)\ L\ (y, z) \supset L\ (x, y)]。$$

弗雷格发明形式句法

　　布尔的逻辑只不过是需要用普通数学方法进行发展的另一数学分支，这当然包括使用逻辑推理。但是用逻辑来发展逻辑有些循环。在弗雷格看来，这是不可接受的。他的目标是要表明一切数学如何可能被建立在逻辑的基础之上。为了令人信服地做到这一点，弗雷格必须找到某种不用逻辑来发展他的逻辑的方法。他的解决办法是用冷酷[53]无情的精确的语法规则或句法规则把他的概念文字发展成一种人工语言。这就使得把逻辑推理表示为纯粹机械运算即所谓的推理规则成为可能，这些规则仅仅与符号排列的样式有关。这也是第一次用精确的句法构造出形式化的人工语言。从这个观点看，概念文字是我们今天使用的所有计算机程序设计语言的前身。

　　弗雷格最基本的推理规则是这样来使用的：如果 ◇ 和 △ 是用弗雷

格概念文字写成的任意两个句子，那么如果◇和（◇⊃△）都被断言，则句子△也可以被断言。关于这一演算，我们只需注意它的执行，而不需要理解⊃是什么意思。当然，我们可以看出这条规则是不可能导致错误的，因为它仅仅能够使我们从◇和（如果◇，那么△）推出△。但在实际运用这条规则的时候，只需把组成◇这个句子的符号与较长句第一部分中的符号进行逐一对应。[11] 在那个寻找乔的支票簿的例子中，我们的前提是：

$$W \wedge P \wedge H \supset S。$$

如果我们也能够断言 $W \wedge P \wedge H$，那么该规则就可以使我们断言所需的结论之一，即 S。下面就是对应的情况：

$$W \wedge P \wedge H \supset S。$$
$$W \wedge P \wedge H。$$

　　弗雷格的逻辑已经成了在数学系、计算机科学系和哲学系教给本科生的标准逻辑。[12] 它曾是众多研究领域的基础，并且间接地帮助图灵表述了通用计算机的思想。但我们现在讲这些还为时过早。

54　　　弗雷格的逻辑比布尔的逻辑前进了一大步。第一次有一个精确的数理逻辑系统至少在原则上包含了数学家们通常使用的全部推理。但在达到这个目标的过程中，也有一些东西失去了。从弗雷格逻辑中的某些前提出发，我们可以尝试运用弗雷格的规则以获得希望得到的结论。但如果这一尝试失败了，弗雷格就没有办法知道，这到底是由于智力发挥得不够或坚持不够彻底，还是因为希望得到的结论根本就无法从前提中导出。这一缺陷意味着弗雷格的逻辑还没有实现莱布尼茨之梦，即说一句"让我们算一下"，那些知道逻辑规则的人就可以成功地判定某个结论是否可以导出。

伯特兰·罗素的信为何如此具有毁灭性

如果弗雷格的逻辑是一项这么了不起的成就，那么罗素的信为什么会令弗雷格如此沮丧呢？弗雷格认为他的逻辑只是朝着为算术提供完备的基础迈出了一步。尽管人们已经从莱布尼茨和牛顿的微积分中得出了丰硕的成果，但数学家们习惯于使用的某些推理步骤是否是正当的，这还很成问题。19世纪时，这些问题终于通过新发展出的一种深刻的数系理论而逐步得到了澄清。最终一切都归结为所谓的自然数：

$$1, 2, 3, \cdots$$

弗雷格希望能为自然数提出一种纯粹逻辑的理论，从而证明算术、微积分的所有进展乃至一切数学都可以被看成逻辑的一个分支。这种后来被称为*逻辑主义*的观点也同样为伯特兰·罗素所持有。逻辑主义曾被美国逻辑学家阿隆佐·丘奇解释为：主张逻辑与数学的关系就是同一学科的基本部分和高等部分之间的关系。[1]　55

---

1. 现在普遍认为，通过使用数值坐标，几何学也可以被还原为算术。然而，弗雷格一直认为几何学必须被单独考虑。感谢帕特丽夏·布兰切特强调了弗雷格思想的这个方面以及对这一节所提出的其他有益评论。

于是，弗雷格便希望能用纯逻辑术语来定义自然数，然后再用他的逻辑导出它们的性质。例如，3这个数将被解释为逻辑的一部分。这如何可能呢？自然数是集合的一种属性，即它的元素的数目。3这个数是为下面所有事物所共有的某种东西：三位一体、并驾拉车的三匹马的集合、三叶草的叶子的集合、字母 { a, b, c } 的集合。显然，我们可以看到这些集合中任意两个的元素数目都相等。我们可以把它们一一对应起来。弗雷格的思想是要把3这个数等同于所有这些集合的集合。也就是说，3这个数只不过是所有3个一组的事物的集合。一般而言，一个给定集合的元素数目可以被定义为：能够与给定集合一一对应的所有那些集合的集合。[13]

弗雷格关于算术基础的两卷著作阐述了如何利用他的《概念文字》所提出的逻辑发展出自然数的算术。伯特兰·罗素在1902年的信中向弗雷格指出，他的整个工作是不一致的，也就是说是自相矛盾的。事实上，弗雷格的算术使用了集合的集合。罗素在信中指出，用集合的集合进行推理很容易导致矛盾。罗素的悖论可以这样来说明：如果一个集合是它自身的一个成员，那么就把这个集合称为异常的；否则就称它为正常的。一个集合如何可能是异常的？罗素自己举的关于异常集合的例子是：*所有那些能够用数目少于19的英语单词定义的东西所组成的集合*（the set of all those things that can be defined in fewer than 19 English words）。由于方才我们仅用16个（英文）词就把这个集合定义了，所以它属于它自身，从而是异常的。另一个例子是：所有不是麻雀的东西所组成的集合。无论这个集合是什么，它都肯定不是一只麻雀，所以这个集合也是异常的。

　　罗素指出，如果把所有正常集合所组成的集合记为 ε，那么 ε [56] 是正常的还是异常的？答案必定非此即彼。但情况似乎并非如此。ε 是正常的吗？如果 ε 是正常的，那么由于 ε 是由所有正常集合所组成的集合，它就将属于自身。而这恰恰说明它是异常的。如此一来，ε 就只能是异常的了。可是，由于它是由所有正常集合所组成的集合，所以它将不属于自身。而这恰恰又使它成为正常的！无论哪个结果都导致了矛盾！

　　罗素的悖论是大量令人大伤脑筋的有趣难题之一。而当弗雷格收到罗素的信时，他可没有觉得有趣。他马上意识到，这一矛盾可以从他用于发展算术的系统中导出。如果一则数学证明陷入矛盾，那么就证明该论证的前提之一是错误的。从古至今，这条原则都被当成一种有用的证明方法：要证明一个命题，我们只要说明否定它会导致矛盾就可以了。但是对于可怜的弗雷格来说，这一矛盾表明他的体系所基于的那些前提是靠不住的。弗雷格再也没有从这个打击中恢复过来。[14]

弗雷格和语言哲学

　　1892年，弗雷格在一份哲学杂志上发表了一篇论文，它的题目或可译为"论含义与指称"（*On Sense and Denotation*）。[15] 除了弗雷格的逻辑，正是这篇论文的内容才使哲学家对他的工作如此感兴趣。

　　弗雷格指出，我们可以用不同的语词来命名或指称同一个具体对象，尽管它们有着非常不同的含义或意义。他的著名例子是"晨星"

和"昏星"。它们的含义是非常不同的：一个是指日落后看到的星星，另一个是指日出前看到的星星。但两者都指称同一颗星体 —— 金星。两者指的是同一对象，这个事实并不是显然的，它一度曾是一项真正的天文发现。弗雷格的某些考虑与替代性有关：考虑下面这个句子

金星是晨星，

它与

金星是金星

是非常不同的，尽管相对于其中的某一句话而言，另一句话只是替换了一个指称相同对象的语词而已。

这些思想标志着20世纪哲学的一个主要分支 —— 语言哲学的开端。[16] 可以说，当代计算机科学的某些重要概念也是源自这篇文章。[17]

弗雷格与莱布尼茨之梦

弗雷格认为他的《概念文字》体现了莱布尼茨所憧憬的逻辑的普遍语言。的确，弗雷格的逻辑可以处理林林总总、各不相同的学科。但在莱布尼茨看来，这很可能会令他失望。它至少在两个方面未能如他心意。莱布尼茨曾经设想过这样一种语言，它不仅能够进行逻辑演绎，而且也能自动包含科学与哲学中的一切真理。只有面对着基于实

验和理论化的科学在18至19世纪突飞猛进，这种天真的期盼才是可以设想的。

从我们的主题来看，指出弗雷格逻辑的另一个局限性是更恰当的。莱布尼茨曾经设想过一种能够成为有效的演算工具的语言，这种语言将通过对符号的直接操作而使逻辑推理自动进行。事实上，在弗雷格的逻辑中，除了那些最简单的演绎，其余的情况都复杂得让人难以忍受。这些演绎过程不仅长得可怕，而且在弗雷格概念文字的逻辑 [58] 中，他的规则也没有为判定某个结论是否可以从给定前提中推导出来而提供演算步骤。

由于概念文字的确完全包含了普通数学中所用到的逻辑，所以用数学方法来研究数学活动本身也就成为可能了。正如我们将会看到的，从这些研究中得出了一些让人意想不到的非凡成果。能否找到一种计算方法，它能够说明在弗雷格的逻辑中某一推理是否是正确的呢？这种探究在1936年达到了高潮，其结果是这样一则证明：没有这样的一般方法存在。对于莱布尼茨的梦想来说，这并不是一条好消息。然而，正是在证明这条否定性结论的过程中，阿兰·图灵发现了某种必定会令莱布尼茨欣喜的东西：他发现原则上可能设计出一种通用机器，它能够执行任何可能的计算。

第 4 章
[59] **康托尔：在无限中摸索**

　　1，2，3，… 的序列永无尽头，这就是所谓的自然数或计算数。无论开始的数有多大，你总能通过加上1来得到一个更大的数。有人也许会认为自然数是通过一个过程产生出来的，即从1开始连续不断地加1：

$$1，1+1=2，2+1=3，\cdots，99+1=100，\cdots$$

这样一个不断超越任何有限界限的过程，被亚里士多德称之为一种潜无限。然而，亚里士多德不愿认为这个过程的终点 —— 所有自然数的无限集 —— 是合理的。这将成为一种"完成的"无限或"实"无限，亚里士多德宣称这是不合理的。[1] 亚里士多德的观点极大地影响了12世纪的经院哲学家，特别是托马斯·阿奎那。无限的本性问题一直在困扰着数学家、哲学家和神学家。神学家们声称，一种完成了的无限实际上是上帝的一个特性，他们断言，对于人来说，它只能永远是一个秘密。这样的说法并没有使莱布尼茨感到气馁，他写道：

　　　　我是如此地赞同实无限，以至于我不但不像通常所说
[60]　　的那样承认自然厌恶它，而且还认为自然无处不在频繁地

利用它，为的是更加有效地显示造物主的完美性。[2]

在18和19世纪对于数学变得如此重要的微积分的极限过程正是潜无限的例子。关于这一点，伟大的德国数学家卡尔·弗里德里希·高斯（1777—1855）曾经警告说：

> 我极力反对把无限当成一种完成的东西来使用，这在数学上是绝不能允许的。无限只不过是一种言说方式，使人可正确地谈论极限罢了。[3]

19世纪中叶以后，从当时人们所关注的问题中自然产生出来的数学问题似乎要求在其精确表述中使用完成了的无限。在那些解决这一问题的数学家当中，只有格奥尔格·康托尔不顾高斯的警告，迎接挑战去创立一种关于实无限的深刻而融贯一致的数学理论。康托尔的工作引发了一阵阵的批评浪潮：不仅是数学家，而且连哲学家和神学家也纷纷抨击这个人的鲁莽无礼，他竟然把数学科学的方法带进迄今为止神圣不可侵犯的无限领地。弗雷格支持康托尔对实无限的信念，他认识到了它对数学未来的重要性。同时，弗雷格看得很清楚，一场激烈的斗争就要在那些拥护和诅咒康托尔的无限的数学家之间展开了：

> 由于无限终将不会从算术中被排挤出去……于是我们可以预见，这个问题将会为一场关系重大的、决定性的斗争搭好舞台。[4]

当弗雷格写下这些话时，他不可能预见到，他本人所发展的算术基础

62 将会成为这场斗争早期的一个牺牲品，成为伯特兰·罗素在 10 年之后的那封著名的信中的那个悖论的受害者，而罗素正是在研究康托尔的无限的过程中发现这个悖论的。弗雷格肯定想象不到，由康托尔的无限所引发的激烈的讨论、研究和争辩有一天会为通用数字计算机的发展提供重要的启发。

工程师还是数学家

1845 年，格奥尔格·康托尔出生于俄国的圣彼得堡，似乎没有任何迹象显示他日后会在德国大学任数学教授。康托尔的母亲玛丽·伯姆出生于一个著名的音乐家庭，她本人也是一位颇有成就的音乐家。他的父亲格奥尔格·瓦尔德玛·康托尔出生于哥本哈根，但他小时候被带到了圣彼得堡。据说在那里，他是在一家路德新教的慈善机构中被抚养长大并接受教育的。虽然玛丽已经受过洗而成了一名罗马天主教徒，但在结婚以后改信了路德宗，格奥尔格·康托尔和他的 3 个兄弟姐妹就是在这种信仰中被抚养长大的。[5]

格奥尔格·瓦尔德玛·康托尔是一个非常成功的商人。他起先是圣彼得堡的一个批发商，后来又成了圣彼得堡证券交易所的经纪人。一位作者在谈到康托尔的父亲给还在上学的康托尔写的信时，曾动情地说：

> 这个既多才多艺又有教养、既成熟又和蔼的人简直让人着迷。在它们 [这些信件] 的字里行间透出一种通常在成功的商人那里找不到的精神。[6]

格奥尔格·康托尔

不仅穷人特别难逃结核病这个19世纪的巨大灾祸的厄运，连富人也很难幸免。康托尔的父亲就是染上了这种可怕的疾病而最终宣告不治。虽然格奥尔格·瓦尔德玛此时才40多岁，但疾病却使他不得不终止自己的生意，在儿子11岁时举家迁往德国。不过他是如此地成功，以至于在他搬迁和去世7年之后，他的4个孩子仍然能够获得很好的抚养。

63

格奥尔格·瓦尔德玛相信工程师的职业最适合发挥他儿子的天分，但是让格奥尔格大为高兴的是，他最终默许了这个孩子当一名数学家的愿望。在柏林，年轻的格奥尔格·康托尔有幸跟3位大数学家学习，他们是：卡尔·外尔施特拉斯、恩斯特·库默尔和利奥波德·克罗内克。康托尔的数学兴趣一开始集中在非常传统的领域。在他的职业刚刚开始时，很难设想他竟然注定会沿着革命性的方向拓展数学思想的疆域，他的老师克罗内克也将成为他强硬的对手，把他一生的工作斥之为无稽之谈。

从弗雷格的故乡耶拿沿萨勒河往上游走35英里就到了工业城市哈勒，正是在那里，康托尔得到了他第一个大学教职，并将度过自己的后半生。与当时德国学术生涯开始的典型情况一样，康托尔也是被任命为一名无俸的编外讲师。在这种情况下，独立的经济来源显然对于开展学术事业来说是必需的。哈勒大学的领衔数学家爱德华·海涅发现了康托尔超凡的数学能力，并建议他研究一些与无穷级数有关的问题。在第一章中，我们碰到了无穷级数，即莱布尼茨著名的

$$\frac{\pi}{4} = 1 - \frac{1}{3} + \frac{1}{5} - \frac{1}{7} + \frac{1}{9} - \frac{1}{11} + \cdots$$

在这样的级数中遇到的"无穷"只是潜无穷，它就是高斯头脑中想到的那种类型。对于一个无穷级数来说，随着一项项地加上去，我们离极限值越来越近了（对于莱布尼茨级数来说，这个极限是 $\frac{\pi}{4}$），我们说级数收敛于这个极限。一个完成了的无限是不成问题的；在这个过程中的任何一个阶段，我们都只是加上了有限多个数。

很自然地，无穷级数的问题在自莱布尼茨时代以来的两个世纪里已经有了长足的发展。康托尔研究了三角级数 [7]（之所以这样称呼，是因为级数中的项包含了三角学中的正弦和余弦）。他希望弄清楚在何种情况下两个这种类型的不同级数会收敛于同一值，事实上是希望证明这样的情况是非常罕见的。这项研究把康托尔远远带出了原先 64 的研究领域：他发现为了得到希望的结果，他不得不把无穷集当作完成了的整体来处理，并且对其进行复杂的运算。不久，他就把集合论（*Mengenlehre*）发展成了一门独立的学科。

无穷集的大小是不同的

即使我们认为把所有自然数1，2，3，… 所组成的集合当成一个完成了的实无限来处理是有意义的，如果我们问这个集合中有多少个数，这难道也是有意义的吗？是否有无限大数可以用来数无限集呢？不反对这种完成的无限的莱布尼茨在一封致天主教神父、神学家和哲学家尼古拉·马勒伯朗士的信中讨论了这个问题。他的结论是，这种无限大的数并不存在。他的推理可以解释如下：只要一个集合中的元素可以同另一个集合中的元素——对应起来，我们就可以说这两个集合的元素数目是相等的，即使我们不知道这个数目到底是多少[1]。例如，如果我们发现一个礼堂中既没有空座位，又没有站着的人，那么我们（不必清点）就可以下结论说，礼堂中的人数与座位数是相等的——我们其实是把每一个座位与每一个人一一对应了起来。莱布尼茨认为，如果真有无限数这样的东西存在，那么同样的思想也可以应用于它们：倘若两个无限集之间可以建立起一个一一对应的关系，则我们就可以下结论说，这两个集合拥有同样数目的元素。接着，他建议把这一观念运用到如下两个集合上：由所有自然数所组成的集合1，2，3，… 以及由所有偶数所组成的集合2，4，6，… 在这两个集合之间很容易设计出一种一一对应的关系，我们只要把每一个自然数与它的二倍对应起来就可以了：

$$
\begin{array}{cccc}
1 & 2 & 3 & 4 & \cdots \\
\updownarrow & \updownarrow & \updownarrow & \updownarrow \\
2 & 4 & 6 & 8 & \cdots
\end{array}
$$

[65] 请注意，即使自然数集与偶数集都是无限集，在这两个集合之间也可以建立起这种一一对应关系。比如对应着117这个自然数的偶数是234，对应着4228这个自然数的偶数是8456等等。莱布尼茨推论说，如果真有像无限数这样的东西，那么这种一一对应的存在就会迫使我们下结论说，自然数的数目与偶数的数目是相等的。但这怎么可能呢？自然数中并非只有偶数，而且还有所有的奇数，它们又组成了一个无限集。有一条最基本的数学原理就是整体大于它的任何部分，这可以追溯到欧几里得。[8] 于是，莱布尼茨得出结论说，所有自然数的数目这一

1.弗雷格在其定义"数"的失败尝试中也用到了同一思想。

概念是不协调的，谈论一个无限集中元素的数目是没有意义的。
正如他所说：

> 对于任何一个数，都存在着一个与之对应的偶数，那
> 就是它的二倍。因此所有数的数目并不比偶数的数目更多，
> 也就是说，整体并不比部分大。[9]

康托尔也做了和莱布尼茨一样的推理，从而面临着同样的困境：或者
谈论一个无限集中元素的数目是没有意义的，或者某些无限集将与它
的一个子集具有相同的元素数目。然而，莱布尼茨选择了前者，康托
尔却选择了后者。他开始发展一种能够应用于无限集的关于数的理论，
这种理论恰恰认为一个无限集将与它的一个部分拥有同样多的元素
数目。

　　沿着莱布尼茨没有走完的道路，康托尔开始研究在两个不同的无
限集之间建立一一对应在什么情况下是可能的。尽管莱布尼茨已经发
现在自然数集与它的一个子集（偶数集）之间可以建立起一种一一对
应关系，但康托尔还考虑了似乎比自然数集更大的集合。他所考虑的
一个例子是可以被表示为（正）分数的数的集合，[10] 比如 $\frac{1}{2}$ 或 $\frac{5}{3}$。由
于自然数可以用分母为1的分数来表示 $\left(\text{比如} \frac{7}{1}\right)$，所以自然数集可以 ⁶⁶
被看成这个集合的一个子集。但是，康托尔稍加考虑，便发现他可以
在由这些分数所组成的集合与自然数集之间建立起一种一一对应关
系。分数可以像下面这样排成一个序列：

$$\left|\frac{1}{1}\right| \frac{1}{2} \frac{2}{1} \left|\frac{1}{3} \frac{2}{2} \frac{3}{1}\right| \frac{1}{4} \frac{2}{3} \frac{3}{2} \frac{4}{1} \left|\frac{1}{5} \frac{2}{4} \frac{3}{3} \frac{4}{2} \frac{5}{1}\right| \cdots$$

它们是按照每一个分数的分子与分母之和进行分组的：首先是和为2
的分数（这样的分数只有1个），然后是和为3的分数（这样的分数有2
个），然后是和为4的分数（这样的分数有3个），再后是和为5的分数
（这样的分数有4个），依此类推。现在很容易在它们与自然数之间建
立起一一对应的关系：

$$\frac{1}{1} \quad \frac{1}{2} \quad \frac{2}{1} \quad \frac{1}{3} \quad \frac{2}{2} \quad \frac{3}{1} \quad \frac{1}{4} \quad \frac{2}{3} \quad \frac{3}{2} \quad \frac{4}{1} \quad \frac{1}{5} \quad \frac{2}{4} \quad \frac{3}{3} \quad \frac{4}{2} \quad \frac{5}{1} \cdots$$

$$\updownarrow \quad \updownarrow \quad \updownarrow \quad \updownarrow \quad \updownarrow \quad \updownarrow \quad \updownarrow \quad \updownarrow \quad \updownarrow \quad \updownarrow \quad \updownarrow \quad \updownarrow \quad \updownarrow \quad \updownarrow \quad \updownarrow$$

$$1 \quad 2 \quad 3 \quad 4 \quad 5 \quad 6 \quad 7 \quad 8 \quad 9 \quad 10 \quad 11 \quad 12 \quad 13 \quad 14 \quad 15 \cdots$$

由于从直观上看，分数要比自然数多许多，所以这一证明可能会使我
们猜想，每一个无限集都可以与自然数之间建立起一一对应的关系。
康托尔的伟大贡献就是说明了情况并非如此。可以用分数来表示的数
被称为有理数。如果一个有理数是用小数来表示的，那么最终将会有
重复的数字出现。下面是一些例子：

$$\frac{1}{3} = 0.33333333333333333333333\cdots$$

$$\frac{1}{4} = 0.250000000000000000000000\cdots$$

$$\frac{5}{3} = 1.66666666666666666666666\cdots$$

$$\frac{24}{11} = 2.18181818181818181818\cdots$$

$$\frac{9}{7} = 1.285714285714285714285714\cdots$$

67　可以用小数来表示的数被称为实数，无论它们最终是否会有数字重
　　复。其小数表示不会重复的那些数被称为无理数。下面是一些无理

数的例子：

$$\sqrt{2} = 1.414213562373095050\cdots$$

$$\sqrt[3]{2} = 1.259921049894873160\cdots$$

$$\pi = 3.141592653589793240\cdots$$

$$2^{\sqrt{2}} = 2.665144142690225190\cdots$$

像 $\sqrt{2}$ 和 $\sqrt[3]{2}$ 这样的数连同所有的有理数被称为代数数，这是因为它们可以作为代数方程的根。（ $\sqrt{2}$ 是方程 $x^2 = 2$ 的一个根， $\sqrt[3]{2}$ 则是方程 $x^3 = 2$ 的一个根）。而业已证明， π 和 $2^{\sqrt{2}}$ 不可能是任何代数方程的根，这样的数被称为*超越数*。

　　在表明了分数可以与自然数之间建立起一一对应的关系之后，康托尔把注意力转向了由所有代数数所组成的集合，他又一次轻松地找到了一种方法，可以把它们与自然数一一对应起来。很自然地，他想知道这是否对于由所有实数所组成的集合来说也是成立的。我们可以看看28岁的康托尔在1873年给理查德·戴德金（康托尔于前一年在瑞士休假时很偶然遇到的一位年轻数学家）写的信中的思考过程是怎样的。康托尔那时刚刚晋升为哈勒大学的数学教授，他致信戴德金说，（正如我们已经看到的那样）我们可以在自然数与包含更广的所有正分数之间构造出一种一一对应的关系。他甚至说明了这个结论对于由所有的代数数所组成的集合也是正确的。在信中，康托尔提出了自然数集与实数集之间是否可以建立起一一对应的问题。戴德金的回复表明，他对这个问题没有什么兴趣。大约一周之后，康托尔在另一封信里就已经能够向戴德金证明这个非凡的结论了，即实数集无法与自然数集之间建立起一一对应，无限集至少有两种大小。

68　　　显然，康托尔本人并不十分确定这一发现是否值得发表。只是在他以前的老师卡尔·外尔施特拉斯鼓励他之后，他才把它拿出去发表。康托尔的工作的革命性含义在那篇四页的论文中表现得并不明显。这篇论文的重点并不是无穷集的大小不只一种这一事实，而是对实数中存在着超越数的一种新的证明，后者只是前者的一个推论。康托尔的证明的大意是，由于代数数可以与自然数一一对应起来，而实数则无法进行这种对应，所以实数集与代数数集是不同的。因此就必定存在着一个实数不是代数数，于是它就是超越数。[11]

与此同时，康托尔的个人生活也丰富了起来。1874年，他与瓦里·古特曼（Vally Guttman）结了婚，古特曼是他妹妹的一个好朋友，也是一个很有天分的音乐家。他们后来有了六个孩子，从任何方面来说，这都是一个情意绵绵、温暖如春的家庭。尽管康托尔在职业圈子里有强硬甚至是难于相处的名声，但他在家里显然是温文尔雅的。有人是这样描述康托尔一家吃饭时的情形的：

> 在吃饭的时候，他会静静地坐着，让他的孩子们挑起话题，然后起身感谢他的妻子做了这顿饭，并说："你对我满意吗？你还爱我吗？"[12]

然而，随着他把越来越多的精力投入到集合论的研究中，康托尔那令人不安的新思想开始遭到越来越多的人的反对。他以前的老师克罗内克后来成了康托尔整个研究方向的不遗余力的反对者，他甚至还阻止他发表某些论文。在这种气氛下，康托尔找不到一所大学给他职位，在那里他能遇到与他具有相同水平的同事，他不得不仍然待在哈勒这个死气沉沉的地方。甚至连康托尔劝说他的朋友戴德金来哈勒的努力后来也失败了。1886年，康托尔听从了命运的安排，他在哈勒买了一所漂亮的房子和家人住了下来。

康托尔对无限数的探求

69

虽然高斯警告数学家不应与完成的无限打交道，但康托尔顾不了这些，他感觉到自己被无限的诱饵牢牢地套住了。迄今为止，无限一直是神学家和形而上学家的领地。他的数学研究已经为他那激进的思想提供了基础，但他大大超越了那些研究所规定的范围。在日常语言中，人们用两种不同但却相互有关联的方式来使用自然数1，2，3，…它们分别被用于计数和排序，比如下面这两个句子：

·这个屋子里有四个人。

·乔的马得了第四名。

日常语言用基数和序数之间的差别来体现这一点：用基数一、二、三……；序数用第一、第二、第三……基数用于指明某个集合中有多少个东西，序数则用于指明这些东西是如何以一定次序排列的。康托尔关于在自然数与实数之间不存在一一对应的发现促使他思考了无穷基数，他关于三角级数的工作则暗示了一种把无穷序数概念化的方法。

　　康托尔假定每一个集合（无论是有限的还是无限的）都有唯一一个基数。康托尔认为一个集合的基数可以这样来得到：丢掉集合元素的特殊性质，剩下的就是毫无特征的单元。特别地，如果两个集合可以被一一对应起来，那么它们就有同一个基数。设 M 表示某个完全任意的集合，康托尔引入记号 $\overline{\overline{M}}$ 表示集合 M 的基数。[13]例如，¹如果

$$A=\{\ \clubsuit\ \heartsuit\ \diamondsuit\ \spadesuit\ \},B=\{\ 3\,,6\,,7\,,8\ \},且\ \ C=\{\ 6\,,5\ \},$$

那么

70

$$\overline{\overline{A}}=\overline{\overline{B}}=4\ ,\ \overline{\overline{C}}=2\ 。$$

当然，A 与 B 之间很容易建立起一个一一对应关系：

$$
\begin{array}{cccc}
\clubsuit & \diamondsuit & \heartsuit & \spadesuit \\
\updownarrow & \updownarrow & \updownarrow & \updownarrow \\
3 & 6 & 7 & 8
\end{array}
$$

　　如果两个集合基数不同，那么会发生什么情况？用符号来讲，这个问题就是说，对于集合 M 与集合 N 而言，什么时候 $\overline{\overline{M}}\neq\overline{\overline{N}}$。在这种情况下，两个基数中一个较大一个较小。利用标准符号 <（"小于"）和 >（"大于"），我们可以用 $\overline{\overline{M}}<\overline{\overline{N}}$（或者等价的 $\overline{\overline{M}}>\overline{\overline{N}}$）来表示 N 具有较大的基数。为了证明这一点，我们只需在 M 和 N 的某个子集之间建立一个一一对应关系。[14]于是，在上面那个 $\overline{\overline{A}}>\overline{\overline{C}}$ 的例子中（因为

---

1. 注意，大括号 {…} 表示所列各项组成了一个集合。

4>2），A的子集$\{(\diamond\heartsuit)\}$可以这样与C对应：

$$
\begin{array}{cc}
6 & 5 \\
\updownarrow & \updownarrow \\
\diamond & \heartsuit
\end{array}
$$

　　只要限于有限集，那么所有这些似乎都只不过是在用晦涩的术语表示简单而熟悉的事物。的确，康托尔思想的力量只有在运用到无限集时才能表现出来。康托尔把无限集的基数称为超限数。他关于超限数的第一个例子是自然数集的基数，并用符号$\aleph_0$来表示。$\aleph_0$通常读作"阿列夫零"，$\aleph$是希伯莱字母表上的第一个字母。[1]

　　康托尔用符号C来表示实数集的基数（因为实数集有时被称为连续统［continuum］）。康托尔深信，C就是继$\aleph_0$之后的下一个超限基数。$\aleph_0$与C之间不存在别的基数，这一猜想被称为连续统假设。尽管康托尔为证明这个猜想付出了多年艰辛的努力，但最终未能解决这个问题：他既不能证明连续统假设为真，也不能证明连续统假设为假。这一失败带给了康托尔无尽的痛苦。今天我们知道，可怜的康托尔是在枉费心机。库尔特·哥德尔于1938年和保罗·科恩于1963年的重大发现揭示了，如果连续统假设问题可以被解决，那么就必须超越普通数学的方法。所以康托尔没能解决这个问题也就不足为奇了。事实上，直到今天，哥德尔-科恩的否定结果是否就是最好的结果，以及是否可能有新的强有力的方法能够得出一个更加令人满意的结果，专

---

1. 也许是由于康托尔使用了希伯莱字母，有一则流传甚广的猜测说，康托尔是一个犹太人。事实上，他的父母都是基督徒，他是在路德教信仰中被抚养长大的。在纳粹统治德国期间，是否有犹太人祖先是决定其数学能否被接受的重要因素。的确，相信这一点是有某种理由的，他父亲曾经有一个犹太祖先在15纪的最后10年中被驱逐出了葡萄牙。在1895年4月30日写的一封信中，康托尔对他为何使用希伯莱字母做出了解释："这是因为在我看来，其他字母似乎［已经］用得太多了。"（感谢舍尔曼·施泰因给我看了这封信的一份复印件。）

家们对此仍然莫衷一是。

　　在康托尔关于三角级数的工作中，他考虑了某种可以被一步步反复应用的特定过程：第一步、第二步、第三步等等。然而使康托尔跨入超限领域的是，他意识到在所有这些无限步之后还有更多的步。不久，他开始谈及第 ω 步，第（$\omega+1$）步以及更多的步，并且发展出后来被他称为超限序数的算术。[1]让我们首先看一看有限集 { ♣ ◇ ♡ }。其成员可以按照六种不同的方式加以排列：

1st	2nd	3rd	1st	2nd	3rd	1st	2nd	3rd	1st	2nd	3rd	1st	2nd	3rd	1st	2nd	3rd
↓	↓	↓	↓	↓	↓	↓	↓	↓	↓	↓	↓	↓	↓	↓	↓	↓	↓
♣	◇	♡	♣	♡	◇	◇	♣	♡	◇	♡	♣	♡	♣	◇	♡	◇	♣

72　　　　然而，这 6 种排列都显示出同一种样式：第一项后面跟着第二项，第二项后面跟着第三项。任何有限集都是这样的：对其成员进行排列的所有不同方式的背后都显示出同一种样式。如果一个集合有 n 项，那么任何排列都会显示第一项、第二项 …… 最后是第 n 项。康托尔发现无穷集的情况是完全不同的。无穷集可以以不同的方式排列成非常不同的样式。例如，假定把自然数 1，2，3，… 排列成所有偶数成员在所有奇数成员之前：

$$2，4，6，\cdots 1，3，5，\cdots$$

如果我们试图用序数来说明每一项在序列中的次序，那么我们就会发

---

1. ω 是希腊字母表中的最后一个字母，读作"欧米伽"。

现，我们所熟悉的有限的序数都被偶数用尽了：

$$1^{st} \ 2^{nd} \ 3^{rd} \ \cdots \ ? \ ? \ ? \ \cdots$$
$$\downarrow \ \downarrow \ \downarrow \quad \ \downarrow \ \downarrow \ \downarrow$$
$$2 \ \ 4 \ \ 6 \ \cdots \ \ 1 \ \ 3 \ \ 5 \cdots$$

康托尔发现了如何用超限序数来解决这个困难。于是，在所有的有限序数之后，康托尔又设定了第一个超限序数，他用希腊字母 ω 来表示，在它之后是 $\omega+1$，$\omega+2$ 等等。然后康托尔就可以很容易地为上例中的奇数排序了：

$$1^{st} \quad 2^{nd} \quad 3^{rd} \quad \cdots \quad \omega^{th} \quad (\omega+1)^{th} \quad (\omega+2)^{th} \quad \cdots$$
$$\downarrow \quad \ \downarrow \quad \ \downarrow \quad \quad \downarrow \quad \quad \downarrow \quad \quad \quad \downarrow$$
$$2 \quad \ \ 4 \quad \ \ 6 \quad \cdots \quad 1 \quad \quad 3 \quad \quad \quad 5 \quad \quad \cdots$$

康托尔发现，自然数可以用越来越大的序数以许多不同的方式加以排列。他称有限序数即自然数 1，2，3，… 为第一数类，称为自然数的不同安排排序的超限序数为第二数类。康托尔在研究构成第二数类的[73]超限序数集时，用符号 $\aleph_1$ 来表示它的基数。值得注意的是，康托尔能够证明，$\aleph_1$ 就是紧接在最小的超限基数 $\aleph_0$ 之后的下一个基数。因此，$\aleph_1 > \aleph_0$，不存在大于 $\aleph_0$ 而小于 $\aleph_1$ 的基数。

　　康托尔一直努力试图证明的连续统假设是，C 就是继 $\aleph_0$ 之后的下一个基数。他已经知道，$\aleph_1$ 就是 $\aleph_0$ 之后的下一个基数，所以连续统假设可写成这样一个简洁的问题：

$$C \overset{?}{=} \aleph_1 。$$

不幸的是，康托尔虽然写下了这个方程，但他并没有证明它为真。

　　既然有第一数类和第二数类，那么是否有第三数类呢？绝对有！在为基数为 $\aleph_1$ 的集合排序时，第一数类和第二数类的数就不够了。康托尔把第三数类最开始的超限基数记为 ω_1，并把第三数类中的所有序数所组成的集合的基数称为 $\aleph_2$。然后，$\aleph_2$ 就是紧接在 $\aleph_1$ 之后的下一个基数。康托尔发现这个过程是永无尽头的：$\aleph_2$ 之后还有 $\aleph_3$，$\aleph_3$ 之后还有 $\aleph_4$ 等等。在所有这些之后是 $\aleph_\omega$ 等等。

　　当康托尔提出这些思想时，他实际上是在对一个从未有人到过的领域进行着探索。他无法依靠任何数学规则，而不得不凭借自己的直觉独自创造。考虑到他所研究的领域的本性，他的工作一直顺利地进行了下去，这是令人赞叹的。但是从一开始，反对康托尔整个事业的呼声就此起彼伏。克罗内克的反对我们已经提到了。有一则在数学家之间流传很广的故事说，著名的法国数学家昂利·庞加莱曾经说，总有一天，康托尔的集合论"会被看作一种被征服了的疾病"。尽管这个故事似乎是伪造的，但从它的流行程度就可看出康托尔那时正面临着怎样的挑战。

对角线方法

74

　　如果说今天的学生从康托尔的成果中学到了某种东西，那么几乎可以肯定这就是他的对角线方法。这种方法是康托尔于 1891 年在一篇仅有四页的论文中发表的，这时他几乎已经停止了数学研究，他那些讨论超限数的重要文章也已经发表甚至重印。1874年，康托尔发表了他对自然数与实数之间不存在一一对应的证明，或者用他的符号表示，就是$\aleph_0 < C$。这个证明借用了外尔施特拉斯所发展的极限过程的基本理论。利用对角线方法，同一结论可以从基本逻辑原理中得出。在我们的故事中，对角线方法将会不断出现。

　　在解释对角线方法时，使用一个贴着标签的包裹的比喻将是有益的。特别之处在于，被用作标签的东西就是包裹里的东西。举例说来，考虑一副纸牌中的4种花色：♣ ♡ ◇ ♠。让我们把其中的每一种花色用作一个"包裹"上的标签，而包裹中所包含的也正是这些花色中的某些种，比如：

$$
\begin{array}{cccc}
\clubsuit & \diamondsuit & \heartsuit & \spadesuit \\
\updownarrow & \updownarrow & \updownarrow & \updownarrow \\
\{\diamondsuit\,\heartsuit\} & \{\diamondsuit\,\spadesuit\} & \{\diamondsuit\,\heartsuit\,\spadesuit\} & \{\clubsuit\,\diamondsuit\}
\end{array}
$$

我们可以用表格的形式来表示这一信息，其中 + 表示某一项在包裹内，− 表示它不在包裹内：

	♣	◇	♡	♠
♣	⊖	+	+	−
◇	−	⊕	−	+
♡	−	+	⊕	+
♠	+	+	−	⊖

　　在这张表中，左边的一列是4种标签，包裹中的内容显示于各行

75 中。对角线上的＋和－外面围有圆圈，以示强调。对角线方法是一种
把相同类型的项合到一个新包裹中去的技巧，它可以使这个新包裹中
所含的东西与所有贴了标签的包裹都不同。它的工作过程是这样的：
我们制作一张新的表格，并把相反的符号插到其对角线上。于是，由
于与 ♣ 相对的是－，所以在我们的新表中，♣ 对应的是＋。同样，♡
对应－，◇ 对应－，♠ 对应＋。结果如下：

于是，我们的新包裹就是 {♣ ♠}。我们何以能够确信它与任何贴
了标签的包裹都不同呢？情况是这样的，它不可能是标签为 ♣ 的包
裹，因为 ♠ 不在那个包裹中，而在我们新的包裹中。它也不可能是标
签为 ◇ 的包裹，因为 ◇ 在那个包裹中，而不在我们新的包裹中。依此
类推。

现在，包裹当然指的就是集合，而标签则是一种在集合与其成员
之间建立起一一对应的方法。这种方法是完全一般的：开始时的集合
是否是一个无限集，这是无关紧要的。如果用那个集合中的每一个元
素来做某个由同一种元素中的某些元素所组成的集合的标签，那么就
可以用对角线方法来获得一个由那些元素所组成的新的集合，它与所
有已经贴过标签的集合都不同。

让我们看看，如果我们从自然数集 1，2，3，… 开始，这种方法
将怎样运作。设想把这些数中的某一些装进一个包裹。它可能只是由
{7，11，17} 组成的，还可能由所有偶数组成。现在，让我们设想把自

然数本身作为标签，就像下面这个无穷序列一样：

$$
\begin{array}{cccc}
1 & 2 & 3 & 4 \cdots \\
\updownarrow & \updownarrow & \updownarrow & \updownarrow \\
M_1 & M_2 & M_3 & M_4 \cdots
\end{array}
$$

　　其中 M_1，M_2，M_3，M_4，⋯ 中的每一个都是由自然数所组成的包裹。这时，我们用下表来获得一个新的集合 M，它不同于每一个集合：

1	—如果1在M_1中	否则+
2	—如果2在M_2中	否则+
3	—如果3在M_3中	否则+
4	—如果4在M_4中	否则+
⋯	⋯　⋯	⋯

　　换句话说，如果1不属于 M_1，那么1就属于 M；如果2不属于 M_2，那么2就属于 M …… 依此类推。因此，M 是一个不同于 M_1，M_2，⋯ 的自然数集。由于 M_1，M_2，M_3，M_4，⋯ 表示1，2，3，⋯ 与自然数集之间任何可能的一一对应，我们发现，没有什么对应可以包含自然数集的一切子集。换句话说，由一切自然数集所组成的集合即一切自然数的子集的集合的基数要大于 $\aleph_0$。事实上，我们可以证明这个基数就是实数集的基数 C。[15] 于是，对角线方法就为我们提供了另一种说明实数比自然数更多的方法。

　　这种方法非常具有一般性，它提供了另一种产生许多（与康托尔

相继的 $\aleph_s$ 不同的）超限基数的方法。例如，我们可以设想以实数作为标签的实数包裹。对角线方法表明，没有这样的标签可以包含一切实数集。因此，由所有这样的集合所组成的集合的基数必定大于实数集的基数 C。[16] 而且，没有必要就此止步。直到今天，以这种方式获得的基数是如何与康托尔的 $\aleph_0$，$\aleph_1$，$\aleph_2$，… 纠缠在一起的问题仍然是困难和争论的一个来源。

77 沮丧和悲剧

从一开始，康托尔就面临着反对意见，他们主要反对这样一种观念，即生活在一个有限世界的有限的人类竟然期望能够对无限做出有意义的断言。不过就在世纪之交的时候，人们发现用康托尔的超限数进行不加限制的推理会导致非常荒谬可笑的结果，于是情况变得更加糟糕了。麻烦均源于把康托尔的超限基数或序数都收在单一集合中的尝试。如果存在着一个由所有基数所组成的集合，那么它的基数该是多少呢？它必须要比任何基数都大。但这又怎么可能呢？一个基数怎么可能比所有基数都大呢？

就在康托尔意识到这个令人不安的悖论之后不久，意大利数学家布拉里-福蒂在试图处理由所有超限序数所组成的集合时又发现了一个类似的困难：他表明，这样一个集合将导致一个比任何超限序数都大的超限序数，这显然是一个荒谬的结论。然后伯特兰·罗素登场了，他对所有这些给出了最为致命的一击。他考虑了这样一个问题：是否存在一个所有集合的集合？如果存在着这样一个集合，那么倘若把对角线方法应用于它，会出现什么结果？换句话说，如果我们考虑把任意多的集合打成包裹，然后用集合去给这些包裹贴标签，那么会出现什么情况？当然，我们将得到一个不同于所有那些已经拥有标签的集合的集合。正是在考虑这种情况时，罗素发现了他那个关于由一切不是自身成员的集合所组成的集合的著名悖论。这就是我们在上一章中谈到的罗素向垮掉的弗雷格所传达的悖论。

尽管罗素是通过思考康托尔的思想而发现他的悖论的，但这个悖论本身丝毫不依赖于有关超限数的考虑。在许多数学家看来，最基本的逻辑推理似乎已经变得不可靠了，在这当中充满了陷阱。毫不奇怪，大多数数学家仍然继续着自己通常的工作，他们离这些问题还很遥远。但是对于那些关心有关数学本性的基本问题的人来说，这种状况不啻为数学基础的一场危机。这些数学家和哲学家不久就发现他们分成了对立的阵营。特别是，一些人认为集合论是数学所必需的一部分，为此可付出任何代价，另一些人则力图使数学免于受到康托尔的超限数 78 的污染。逻辑学家在20世纪头30年的工作就是被这些问题所主导的。

1884年，康托尔首次遭遇一系列精神崩溃，严重的沮丧状态持续了大约2个月。康复之后，康托尔把自己的精神问题归因于他关于连续统假设的紧张工作以及克罗内克的攻击上。这个时候，他甚至给克罗内克写了一封信建议恢复友谊，克罗内克诚挚地回复了这封信。除了几件现在被认为是躁狂抑郁症的事件以外，康托尔对他的遭遇的解释在很多年里都被人广泛接受。现在一般认为，不管外部事件有多么严重，其精神紊乱的根本原因在于有缺陷的脑的特质，以及像康托尔与克罗内克意见不和这样的环境因素，连续统假设只是促成了而不是造成了主要的混乱。[17]

除了那篇已经提到的论述对角线方法的论文，这一事件大致标志着康托尔在集合论方面的奠基性工作的结束。在严重的精神疾病的间歇，康托尔研究了哲学、神学特别是莎士比亚戏剧的作者身份问题。对于康托尔来说，1899 年是危机四伏、悲剧重重的一年。正是在这一年，他第一次遭遇了集合论悖论，他 13 岁的爱子之死也令他痛不欲生。

对学科只满足于懂得一点皮毛，这不是格奥尔格·康托尔的风格。他使自己成了一名研究伊丽莎白时期特别是莎士比亚戏剧的专家，他发表了一系列专著声称证明了这些剧本其实是出自弗兰西斯·培根之手。当然，这与集合论或超限毫无干系。不过，康托尔发现自己在哲学和神学方面的研究绝对与他关于无限的工作有关。康托尔相信，在超限之外还存在着一个绝对的无限，它仅靠人类的理解力是永远无法完全企及的。甚至是出自集合论的令人苦恼的悖论也应当从这一观点来理解。例如，所有超限基数的乘积应当被认为是绝对无限的，这就是为什么仅仅认为它们是超限的就会导致矛盾的原因。

一场决定性的战斗？

在德国哲学思想中，伊曼努尔·康德是一个至关重要的人物，他的批判哲学建立在两个关键问题之上：

· 纯粹数学如何可能？

· 纯粹自然科学如何可能？

康德对第一个问题的回答依赖于他所谓的对空间（对应于几何

学）和时间（对应于算术）的"纯直观"。他认为这些直观完全独立于经验感觉。[18]尽管康德强调了科学的重要性，但19世纪德国的后康德哲学却沿着一条不同的方向发展了，它转向了一种认为观念和概念是第一位的绝对唯心论，认为世界似乎就是由它们构成的。这场运动的领导者之一是格奥尔格·弗里德里希·黑格尔，数以百计的忠实弟子都听过他的讲演。黑格尔拥有许多追随者（其中最著名的是卡尔·马克思和弗里德里希·恩格斯），直到今天，学者们仍然能够在他的著作中找到许多有价值的东西。然而，他有时做出的一些怪异推理只会招致嘲笑，特别是在他那部两卷本的《逻辑学》中，读者曾被要求对如下深刻的思想进行思考：

> 无等同于它自身。
>
> 存在即无。
>
> 无即存在。

这两个范畴在彼此转化的过程中融合为一个更进一步的范畴：生成。[80]

与此同时，在那个世纪行将结束之时，部分是由于奥古斯特·孔德的"实证主义"思想，部分是由于科学的发展，一种新的"经验论"哲学开始在德国发展起来。在经验论者看来，理解世界主要依靠的是感觉材料。康托尔把这种经验论看作是对黑格尔式的胡说的一种反抗，但却发现它既粗糙又浅薄。经验论哲学的主要支持者之一，大科学家赫尔曼·冯·亥姆霍兹希望重新像康德那样把经验科学放到核心位置。他的一本论述计数和测量的小册子激怒了康托尔。1887年，康托尔在一篇从数学、哲学和神学观点讨论超限数的文章中，批评这本小册子表达了一种"极端经验心理学的观点，连带一种靠不住的教条主义"。他又接着抱怨说：

> 于是，在今天的德国，作为一种对华而不实的康德－费希特－黑格尔－谢林唯心论的回应，我们看到一种学院的实证主义的怀疑论正强有力地占据着统治地位。这种怀疑论甚至已经不可避免地把范围延伸到了算术，并且在这个领域导致了它最为致命的结论。这也许最终会对这种实证主义的怀疑论本身产生最大的毁灭作用。[19]

这篇文章被收在1890年出版的一本康托尔关于超限数的论文选集中。弗雷格在应约评价这本书时，特意强调了刚刚引用过的这段话。在他收到伯特兰·罗素那封毁灭性的信之前10年的一段引人注目的话中（本章开头已经部分引用过），弗雷格写道：

> 的确如此！这就是将会使这个学说毁于一旦的暗礁。因为无限终将不会从算术中被排挤出去；然而另一方面，它是无法与这种认识论倾向共存的。于是我们可以预见，这个问题将会为一场关系重大的、决定性的斗争搭好舞台。[20]

81

1918年1月6日，格奥尔格·康托尔因心脏病突发而去世，其时，第一次世界大战的战火仍在蔓延。今天，尽管弗雷格在其隐喻中所预言的斗争很是令人惊奇，但它却并未产生任何决定性的结果。也许这场斗争的最令人称奇的副产品就是阿兰·图灵关于一种通用计算机的数学模型。

第 5 章
希尔伯特的营救

　　乔治二世是莱布尼茨的最后一任资助人英王乔治一世的儿子，1737 年，他在德国中部莱内河畔的中世纪小城哥廷根建立了一所大学。城市的围墙、几所哥特式教堂以及古老街道上的半木质的房子仍然保存至今。哥廷根大学那令人骄傲的数学传统可以追溯到 19 世纪，那里产生了像卡尔·弗里德里希·高斯、伯恩哈德·黎曼、勒热纳·狄里克莱和菲利克斯·克莱因这样伟大的数学人物。但哥廷根真正的数学辉煌还是在 20 世纪。那时，主要是受到大卫·希尔伯特的感召，世界各地的学生都来到这个无可争议的世界数学中心，直到 1933 年纳粹统治德国所导致的大批流亡为止。

　　20 世纪 40 年代末，当我本人在读研究生期间，关于哥廷根在 20 年代的逸事仍然在被一代代的人传诵着。我们听说了卡尔·路德维希·西格尔在容易上当受骗的贝塞尔－哈根身上实施的无休无止的恶作剧。我个人最喜欢的故事是，人们看到希尔伯特日复一日地穿着破裤子，这对许多人而言都是令人尴尬的。把这种情况得体地告诉希尔伯特的任务落在了他的助手理查德·库朗身上。库朗知道希尔伯特喜欢一边谈论数学，一边在乡间漫步，于是便邀请他一同散步。库朗设法使他们两人走过一片多刺的灌木丛，这时库朗告诉希尔伯特他的裤 84

子被灌木丛刮破了。"哦，不是，"希尔伯特回答说，"它几星期前就是这样了，不过还没有人注意到。"正是在 20 世纪的 20 年代，希尔伯特掀起了一场令人瞩目的运动，那就是用数学来证明数学本身的合理性。从希尔伯特的运动到阿兰·图灵对计算本性的洞察，其间发生了一连串怪事。

　　大卫·希尔伯特出生于小城柯尼斯堡的一个新教家庭。柯尼斯堡位于普鲁士东部，以哲学家伊曼努尔·康德的故乡而闻名。1870 年，俾斯麦与拿破仑三世的法国交战，随即借着德国的巨大胜利把德国统一成了一个以普鲁士国王为皇帝的帝国，当时希尔伯特才 8 岁。到了他进入柯尼斯堡大学学习数学时，他在这门学科上的非凡才华已经得到公认，他把数学融入谈话的特有风格也建立了起来。他可以同他的朋友赫尔曼·闵可夫斯基和阿道夫·胡尔维茨一起长时间地漫步讨论数学。[1]

　　从莱布尼茨和牛顿创立微积分到大卫·希尔伯特成为数学家，在这 2 个世纪里，不少人都发现极限过程可以漂亮地应用于许多方面。在这些结果中，有很多是通过对符号的纯形式操作来获得的，人们对它们背后的含义并未做过多考虑。但是到了 19 世纪中期，清算之日还是来临了，需要对符号进行概念理解的问题层出不穷。冲在解决这些问题最前线的则是格奥尔格·康托尔、他的老师卡尔·外尔施特拉斯以及他的朋友理查德·戴德金。

　　1888 年，希尔伯特游历了德国各个主要的数学中心，以同他这个领域的主要人物进行接触。在柏林，他拜访了康托尔的强硬对手利

希尔伯特

奥波德·克罗内克，他们 2 年前就已相识。克罗内克是一个大数学家，他的一些著作对于希尔伯特的成就起着相当重要的作用。但是，正如希尔伯特昔日的学生赫尔曼·外尔在半个世纪后的一篇悼文中所写的，希尔伯特认为克罗内克正在用"他的力量和权威迫使数学服从专断的哲学原理"。这些原理使得克罗内克对他那个时代的大部分数学持一种极度否定的态度。克罗内克不仅反对康托尔的超限数，而且也反对外尔施特拉斯、康托尔、戴德金为微积分的极限过程提供一个坚实的基础所做出的全部努力。克罗内克把这些努力斥之为毫无价值。他特别主张对存在性的数学证明应当是构造性的。也就是说，要想让克罗内克接受一个对满足某种条件的、实际存在着的数学对象的证明，它就必须能够提供一种方法来明确地呈现出这个对象。希尔伯特不久将会在著作中挑战这种说法。许多年以后，他将这样向学生来解释这种区分，即在礼堂中所有听讲的学生中（他们中没有人是完全秃顶的），总有一个学生是头发最少的，尽管他没有明确的办法来识别出这个学生。[2]

希尔伯特早期的胜利

这个世界是不断变化的，但有些东西却是不变的。数学家们通常关心的正是找到那些能够在其他事物变化时保持不变的东西。这时，他们谈论在某些变换下保持不变的那些东西。乔治·布尔在一篇早期的论文中开创了对所谓代数不变量的研究。[3] 到了 19 世纪的最后 25 年，代数不变量已经成了数学研究的主要焦点之一。人们在代数操作上展开了英雄式的较量，以期解决如何发现不变量的问题。在这种努力中，德国数学家保罗·果尔丹是一位真正的行家，他被其同时代人戏称为"不变量之王"。在研究代数的过程中，果尔丹猜出了一个关于代数不变量结构的简化定理。根据果尔丹的猜想，在考虑一个特定的代数表达式的所有不变量时，总是会有几个主要的不变量，借助它们，所有其他的不变量都可以用一个简单的公式来表达。然而，他的[87]这次努力只是证明了，这一猜想仅仅在一个非常特殊的情况下才是正确的。果尔丹的猜想被当时的数学家视为所面临的主要问题之一，一般认为，只有在操作代数上具有果尔丹那样能力的人才能证明它。在这种情况下，大卫·希尔伯特对果尔丹猜想的证明引发了强烈的震撼。希尔伯特依靠的不是复杂的形式操作，而是抽象思维的力量。

只是在与果尔丹本人会面之后，希尔伯特才发现自己被果尔丹所提出的问题迷住了。他的解决方案花了6个月时间才完成，它建立在一个极具一般性的结论之上，即今天所谓的希尔伯特基本定理，其证明非常直接。利用这个基本定理，希尔伯特证明了，如果假定果尔丹的猜想是错误的，那么就会导致矛盾。这种对果尔丹猜想的漂亮证明不会使克罗内克感到满意，因为它不是构造性的。希尔伯特没有列出其存在性已经确定无疑的一系列主要不变量，这一证明只是表明，如果假定它们不存在将会导致矛盾。然而，运用抽象思维的力量，希尔伯特的证明为即将来临的那个世纪的数学开辟了道路。希尔伯特的证明所揭示出来的更为普遍的观点足以摧毁代数不变量的古典理论。今天，果尔丹主要因其对希尔伯特证明的反应而被人记住。"这不是数学，"他惊呼，"这是神学。"

希尔伯特对果尔丹问题的解决所产生的轰动效应立刻使他成为当时的第一流数学家。此后，他并没有满足于所取得的成就。在永远

离开不变量理论之前，他又对一些细节进行了归整，特别是又给出了
一个完全构造性的对果尔丹猜想的证明。[4]此外，他还就各种数学主
题发表了许多论文。值得注意的是，有一篇小论文无疑带有一种必定
为克罗内克所不齿的康托尔的气息。然而，尽管如此多产，希尔伯特
实际的职业却并不尽如人意。多年来，他一直在柯尼斯堡大学任编外
讲师，依靠他的演讲所获得的微薄收入过活。有一段时间，他只给一
88　个来自巴尔的摩的学生上了整整一门课。在给他的好朋友闵可夫斯基
的一封信中，希尔伯特讽刺地说，这里有11个编外讲师竞争同样数目
的学生。

　　1892年，年轻的希尔伯特的生活发生了重大改变。这始于68岁
的克罗内克于年底去世，卡尔·外尔施特拉斯将于次年退休。德国数
学的封闭的学术生活开始复苏了，这引出了德国数学界的抢座位游戏。
在做了6年编外讲师之后，希尔伯特终于在柯尼斯堡大学获得了一个
正式的学术职位。也是在同一年，他与自己最心爱的舞伴凯特·耶罗
士结了婚。1年之后，他们的儿子弗朗茨出生了。与此同时，哥廷根大
学的数学领袖菲利克斯·克莱因决定动员希尔伯特到哥廷根去。1895
年春，克莱因的动员成功了，希尔伯特搬到了哥廷根，他将在那里一
直待到48年后去世。

　　如果说希尔伯特对果尔丹问题的出色证明宣告了代数不变量古
典理论的终结，那么他应德国数学会之邀所写的内容丰富的《数论
报告》（Zahlbericht）则预示着一大批数学成果的诞生。学会本以为
这是一篇关于一门相对较新的数学分支 —— 代数数论当前状况的报
告，许多数学家都对这个主题感到困惑，[5]但他们最后得到的却是一

篇经过深思熟虑的、从第一原理出发对这一领域进行重新组织的报告。直到半个世纪后我做研究生时，我们仍在饶有兴味地研究它，并且受益匪浅。

　　当希尔伯特来到哥廷根时，他已经为一大批数学课程做好了上课准备，他在柯尼斯堡任编外讲师时就一直在上这些课。奥托·布鲁曼塔尔是他所指导的69名获得博士学位的学生中的第一个，他在40年后的回忆录中仍然能够清楚地回忆起自己刚到哥廷根时希尔伯特留给他的印象："这位中等身材的思路敏捷的人留着红色的胡须，穿着非常普通的衣服，看起来一点也不像一个专家……[与其他教授相比]"布鲁曼塔尔是这样描述希尔伯特讲课的： [89]

> 他讲课紧扣主题，但风格却相当沉闷，不时会重复一些重要的命题。然而，谈话中所包含的丰富内容以及它的清晰却使人忘却了形式。他会介绍一些新的以及他本人曾经做过的工作，但不会特别强调它们。为了使每个人都能理解，他显然动了不少脑筋；他是给学生讲课的，而不是给他自己。[6]

　　1898年的秋季学期，学生们很吃惊地发现，希尔伯特准备开设一门"欧几里得几何原理"课程。他们原以为他完全沉浸在代数数论中，而从未想到他会对几何学科目感兴趣。这个题目显得很奇怪，因为欧几里得几何学毕竟是一门中学课程。真正的惊讶出现在课程开始之后，这时学生们发现他们听到的是对几何基础的一种全新的发展。这是希尔伯特对数学基础保有深刻兴趣的第一个迹象。我们主要关注的正是这种兴趣。在讲演中，希尔伯特提出了一套几何学公理，以弥补欧几里得的古典处理中的几个漏洞。他强调了这门学科的抽象本性：必须能够说明，那些定理通过纯逻辑就可以从公理中推导出来，而不必受到我们从图形中所"看到"的东西的影响。有一则著名的逸事是这样的：据说他曾经讲，我们可以不说点、线、面，而说"桌子、椅子和啤酒杯"，只要它们遵守公理，定理就必须仍然能够成立。最后，希尔伯特证明了他的公理是一致的，也就是说从公理中导不出矛盾，这样就使他的成就更为牢靠。这一论证表明，他的几何公理系统中的任何不一致都会导致算术中的不一致。因此，希尔伯特所做的工作就是把欧几里得几何学的一致性归结为算术的一致性，而算术的一致性问题则留待它日解决！

90 面向一个新世纪

　　1900 年 8 月，在巴黎出席一次国际会议的数学家们都想知道，新的世纪会给这门学科带来什么。此时，令人眩目的成就已经使 38 岁的大卫·希尔伯特到达了事业的巅峰。在这次会议上，希尔伯特向代表们做了一个特邀报告。在报告中，他列举了 23 个用当时的方法似乎很难解决的问题，作为对 20 世纪数学家的一个挑战。[7] 希尔伯特以其特有的乐观主义宣称，所有数学家都深信，"每一个明确的数学问题都必定可以完全得到解决 …… 这一信念 …… 是对我们工作的巨大鼓舞。我们在心中听到了这样的永恒召唤：这里有一个问题，去找出它的答案，你能够通过纯理性找到它。"希尔伯特列出的第一个问题就是康托尔的连续统假设（即没有集合的基数介于自然数集的基数与由所有自然数集所组成的集合的基数之间）是否为真。在悖论的威

胁对克罗内克的否定态度极为有利的这个时期，这是对康托尔的超限
数的明确肯定。

　　第二个问题是希尔伯特对欧几里得几何学公理一致性的证明所
留下的问题 —— 为实数的算术建立公理的一致性。以前对一致性的
证明都是关于相对一致性的证明，也就是说它们都是把某一个公理集
合的一致性归结为另一个集合的一致性。但希尔伯特意识到，对于算
术，他已经抵达了逻辑的根底，此时还需要有新的直接方法。这个问
题也为希尔伯特创造了一个机会来解释数学上的*存在性*的含义。尽管
克罗内克已经声称，要想证明数学对象存在，就必须提出一种能够构
造或展示相关对象的方法，但在希尔伯特看来，存在性只要求能够证
明，假设这些对象存在并不会导致矛盾："如果可以通过有限次的逻
辑过程证明，赋予一个概念的性质永远不会导致矛盾，那么我们就可
以说，这个概念的数学存在性 …… 就被证明了。"根据希尔伯特的说 [91]
法，既然假定一切康托尔的超限基数所组成的集合的存在会导致矛盾，
那么这就表明这样一个集合并不存在。特别是在伯特兰·罗素1902
年写给弗雷格的那封毁灭性的信中所说的悖论广为人知以后，人们渐
渐地认为数学基础所面临的困难导致了一场危机，算术的一致性问题
一直令人头痛。直到20世纪20年代，希尔伯特和他的学生们集中精
力研究了这个问题，其后果他们几乎不可能预见到。

　　希尔伯特在1900年所列出的那些问题使一代又一代的数学家殚
精竭虑。它们涵盖了纯粹数学和应用数学中的大量主题，预示了希尔
伯特未来将会做出的贡献的广度。在一篇悼念希尔伯特的文章中，赫
尔曼·外尔评论说，任何一个解决了希尔伯特所列出的问题之一的人

都会成为"数学共同体这一光荣集体中的一员"。1974年，美国数学会主办了一个特别的研讨会（我有幸参加了这个会议），专家们在会上讨论了自那时以来源自这些问题的数学进展。会后出版的论文集足足有600多页，希尔伯特问题的丰富内涵由此可见一斑。[8]

克罗内克的幽灵

随着伯特兰·罗素公开了他在看似浅易的推理中发现的那个悖论，许多数学家对康托尔的超限数以及基础研究的整个方向产生了前所未有的疑惑。正如我们所看到的，当弗雷格收到包含罗素悖论的那封信后，他径直放弃了自己毕生的工作。不知此时他是否还记得自己10年前曾经做过的预言：

92

> 由于无限在算术中的地位终究是不容否认的……于是我们可以预见，这个问题将会为一场关系重大的、决定性的斗争搭好舞台。[9]

虽然弗雷格和康托尔的朋友戴德金都从斗争中退了出来，但介入这场斗争的勇士却并不乏其人。在20世纪的早期，两位世所公认的最伟大的数学家希尔伯特和昂利·庞加莱都参与了这场争论，但他们所持的观点却并不相同。1900年以后，接下来的一届国际数学家大会于1904年召开，此时距罗素公布他的悖论已经有2年之久。希尔伯特在会上所做的报告中略述了算术的一致性证明可能采取的形式，并且明确提出了自己解决危机的方法。[10]他没有忘记指出，这个证明可以被拓展到把康托尔的超限数也包括进来。庞加莱不久就发现，希尔伯特犯了循环论证的错误：这个证明所要辩护的方法被用在了对这些方法不可能导致矛盾的证明中。又过了一些年，希尔伯特才有能力回应这个反对意见。庞加莱发现他所谓的"康托尔主义"并非毫无用处，但他坚持说，"（给定的、完成的）实无限并不存在。康托尔主义者忘记了这一点，他们陷入了矛盾。"[11]这里，庞加莱与高斯在80多年前所写的话（上一章中已经提到）相呼应："我极力反对把无限当成一种完成的东西来使用，这在数学上是绝不能允许的。"康托尔毕生的伟大工作都是对这一传统的英勇无畏的挑战。

伯特兰·罗素并没有从战场中退却。他一直希望能够发展出一种符号逻辑体系，利用这种体系，就可以实现弗雷格把算术还原为纯逻辑的计划而不会导致悖论。在向其同时代人解释他的工作的过程中，他极大地得益于意大利逻辑学家朱塞佩·皮亚诺所创立的符号系统（特别是第3章中所介绍的那个系统），这个系统远比弗雷格的系统易于理解。庞加莱在抨击罗素的工作时尖刻地指出：

> 很难理解，当我们写下⊃的时候，"如果"一词便获得　93
> 了当我们写"如果"时它并不具有的一种优点。[12]

庞加莱也没有忘记指出，严肃地看待罗素的工作将有可能把数学还原为纯粹计算。（莱布尼茨之梦！）

在嘲笑这一观念时，他说：

> 很容易理解，要证明一个定理，知道它是什么意思并

不是必需的，甚至也不是有用的……我们可以想象这样一台机器，我们从一端输入公理，从另一端就可输出定理，就像芝加哥那台传说中的机器一样，猪活着进去，出来的就是火腿和香肠。数学家和这些机器都不需要知道自己正在做什么。[13]

伯特兰·罗素挽救弗雷格计划的努力体现于罗素与阿尔弗雷德·诺斯·怀特海合写的三卷本巨著《数学原理》（*Principia Mathematica*）中（出版于 1910—1913 年）。这部著作从弗雷格《概念文字》的纯逻辑开始，以清楚明白的数学为结束，中间是简单而直接的步骤，它完全体现了庞加莱的芝加哥机器的精神。悖论通过一种精心设计的、使用起来很不方便的分层结构而得以避免。事实上，在这种结构中，任何一个集合都只能拥有来自同一层的成员。这种分层大大削弱了普通数学的能力，以致一条特别可疑的还原公理被提了出来，以穿透层与层之间竖立起来的壁垒。[14]此外，《数学原理》还因一种背后的混淆而受到损害。虽然弗雷格已经清楚地认识到他正在处理两种层次的语言——他正在构造的一种新的形式语言以及可以谈论这种新语言的日常语言，但怀特海与罗素的这部著作在这个问题上却不够清楚，它把这两个层次混在了一起。[15]这就意味着，在希尔伯特看来如此重要的整个结构的一致性问题在罗素的语境下甚至就不会出现。尽管如此，《数学原理》仍然是一个里程碑式的成就，它一劳永逸地证明了，在一个符号逻辑系统中对数学进行完全的形式化是绝对可行的。

94　　当伯特兰·罗素正在努力为古典数学的广度寻找一种逻辑基础以

避免悖论时，一位优秀的年轻荷兰数学家 L. E. J. 布劳威尔确信，这一切几乎都是错误的，都应被抛弃。布劳威尔1907年所写的博士论文表现出对康托尔的超限数以及当时大部分数学工作的强烈敌意，以至于人们认为他骨子里全都是克罗内克的精神。1905年，布劳威尔从数学研究中抽空出版了一本小书《生活、艺术和神秘主义》（*Life, Art and Mysticism*），书中充斥着浪漫的悲观主义情绪。在描绘了这个"忧伤的世界"中的生活之后，这个忧郁的年轻人总结说：

> 放眼望去，这个世界满是不幸的人，他们想象自己能够拥有财产……同时滋生一种对知识、权力、健康、荣耀和愉悦的不知餍足的欲望。
>
> 只有那些认识到自己一无所有、无法拥有任何东西、安全是不可企及的人，那些完全隐退、牺牲一切的人，那些不知道任何东西、不渴望任何东西也不想知道任何东西的人，那些放弃和忽视一切的人，才能得到一切：自由的世界向他开启了，这是一个没有痛苦的沉思的世界——一个一无所有的世界。[16]

尽管布劳威尔对自我弃绝的生活大唱赞歌，但他却发动了一场自以为是的、从头开始重建数学的斗争，以使他的哲学信念得到满足。他本可以轻易地选择一个传统的数学主题，但他还是决定写一篇关于数学基础的博士论文。[17] 他的导师很不情愿地答应了，但由于他的这位高明的学生坚持要把那种奇怪的不相干的观念带入其博士论文，这位导师惊骇地写道：

> 至于我是否可以原封不动地接受第2章，我又一次做
> 了考虑。但说老实话，布劳威尔，我不能接受。我发现它
> 充斥着对生活的悲观主义和某种神秘主义态度，它既不是
> 数学，与数学基础也没有任何干系。[18]

95　　在布劳威尔看来，数学就存在于数学家的意识中，它最终导源
于时间这个"数学的原初直观"。真正的数学在数学家的直观中，而
不在语言的表达中。数学非但不是逻辑（如弗雷格和罗素所主张的），
逻辑本身倒是来源于数学。在布劳威尔看来，康托尔相信自己已经找
到了不同大小的无限，这纯粹是无稽之谈，他的连续统问题也是无足
轻重的；希尔伯特宣称一致性就是数学上的存在性所需要的一切，这
是错误的。事实恰恰相反：

> 在数学中存在就意味着：由直观构造出来；某种特定
> 的语言是否一致，这个问题不仅本身并不重要，而且也不
> 是对数学上的存在性的一种检验。[19]

克罗内克认为，确立数学上的存在性的唯一有效方法就是构造。布
劳威尔比这走得更远，他坚决反对把亚里士多德的排中律这条基本的
逻辑定律（它断言任何命题或者为真，或者为假）应用于无限集。[20]
在布劳威尔看来，有些命题既不能说为真，也不能说为假；对于这些
命题，已知的方法还不能判定这一点。希尔伯特在对果尔丹问题的最
初证明中使用了排中律，这是数学家的通常做法：他证明了否定这个
猜想将会导致矛盾。在布劳威尔看来，这样一个证明是不可接受的。

完成了博士论文之后，布劳威尔决定暂时把他备受争议的观点搁置起来，把注意力集中到显示他的数学才能上。他选择的竞技场是刚刚兴起的拓扑学领域。他得到了几项深刻的结果，其中包括那条重要的不动点定理。[1]1910年，当29岁的布劳威尔发表这个基本定理时，他 96 已经赢得了希尔伯特的称赞。大卫·希尔伯特对此印象很深，他甚至还邀请这个年轻人加入他那份著名的杂志《数学年鉴》（*Mathematische Annalen*）的编委会，后来他对这次邀请后悔不已。在1912年获得了阿姆斯特丹大学的一个常任教席之后（这得到了希尔伯特的举荐），布劳威尔觉得可以回到他那革命性的设想了，他现在把它称为*直觉主义*。

赫尔曼·外尔是希尔伯特的得意门生，他是那个世纪最伟大的数学家之一，也是后来接任希尔伯特在哥廷根职位的人。他的兴趣涵盖了数学、物理学、哲学甚至艺术。但是令希尔伯特非常沮丧的是，外尔确信，外尔施特拉斯、康托尔和戴德金已经建立的处理极限过程的基础是摇摇欲坠的，他无法接受所有这些所基于的实数系统。他在一段著名的话中宣称，整个大厦"都建立于沙堆之上"。[21] 外尔重建实数连续统的努力最终并没有令他本人满意，当他得知布劳威尔对此的看法时，不禁为之着迷。"……布劳威尔，这就是革命。"他宣称。在希尔伯特看来，这是太过分了，他也许想到了那句"还有你吗，布鲁图斯？"（Et tu, Brute？）[2]19世纪20年代，德国确实是大变革时期。

---

1. 1994年的诺贝尔经济学奖授予了三个人，其中两个是经济学家，另一个是数学家约翰·纳什。之所以把奖授予纳什，是因为他在1950年写的博士论文中发现有一个定理可以在经济学以及其他地方找到许多应用。在这篇论文中，纳什天才地运用了布劳威尔的不动点定理。
2. 公元前44年，恺撒被一班反对君主制的罗马元老院议员刺杀，行刺者包括他最宠爱的助手、挚友和养子——马尔库斯·尤尼乌斯·布鲁图斯（Marcus Junius Brutus），当恺撒最终发现布鲁图斯也拿着匕首向他时，他绝望地说出了这句遗言，放弃了抵抗，身中23刀，倒在庞培的塑像脚下气绝身亡。这句话被广泛用于西方文学作品中关于背叛的概括描写。——译者注

德国在第一次世界大战中已经战败，被迫签订了《凡尔赛条约》。在德皇退位之后上台的社会民主党政府已经被严重的经济问题以及左翼和右翼让它下台的呼声搞得焦头烂额，各个方面都传来激烈的言辞。在这种使人头脑发热的气氛中，希尔伯特在 1922 年所做的一篇讲演中把他过去学生的离弃比作背叛：

> 外尔和布劳威尔的所作所为归根结底是在步克罗内克的后尘！他们要将一切他们感到麻烦的东西扫地出门，以此来提供数学基础，并且以克罗内克的方式宣布禁令。但这将意味着肢解和破坏我们的科学，如果听从他们所建议的这种改革，我们就有可能丧失大部分最宝贵的财富。外尔和布劳威尔把无理数的一般概念、函数甚至是数论函数、康托尔的超限 [基] 数等等都宣布为不合法。无限多个自然数中总有一个最小的数这一定理，甚至是逻辑上的排中律，比如断言或者有有限多个素数，或者有无限多个素数：这些都成了明令禁止的定理和推理模式。我相信，正如克罗内克不能废除无理数一样……外尔和布劳威尔今天也不可能获得成功。不！布劳威尔的 [纲领] 并不像外尔所相信的那样是在进行什么革命，他只不过是在重演一场有人尝试过的暴动，这场暴动在当初曾以更凶猛的形式进行，结果却彻底失败了。何况今日，由于弗雷格、戴德金和康托尔的工作，数学王国已经是武装齐备，空前强固。因此，这些努力从一开始就注定要遭到同样的厄运。[22]

像无数的欧洲人一样如果我们注意到希尔伯特言辞中浓烈的火

药味，很可能以为他在狂热地欢呼即将来临的 1914 年的战争呢。但事实并非如此。从一开始，他就公开表示自己认为战争是愚蠢的。1914年 8 月，93 位著名的德国知识界人士联名向"文明世界"发表了一份宣言，以回应英国、法国和美国对德军入侵比利时的愤慨。这份宣言称："说我们已经非法地侵犯了比利时的中立 …… 我们的军队已经残忍地把卢汶夷为平地，这些都不是真的。"希尔伯特被要求签字，但他拒绝了，他说他不知道这些指责是否是真的。1917 年，即希尔伯特公开指责外尔和布劳威尔的 5 年前，当血腥的堑壕战仍在吞噬一代欧 [98] 洲人的时候，希尔伯特发表了一篇给刚刚去世的法国大数学家伽斯东·达布写的悼文。这篇文章刊出后，一群凶悍的学生聚集到他的住宅前，要求他收回这篇悼念"敌人数学家"的文章。希尔伯特拒绝了，他跑到校长办公室威胁说要辞职，除非就这些学生的无理行为向他做官方的道歉。他很快就收到了这样的道歉。[23] 当优秀的年轻数学家埃米·诺特被任命为哥廷根的编外讲师时，有人认为这将导致一个女人成为教授和大学评议会成员，这时希尔伯特说："我看不出一个候选人的性别为什么会成为不能让她当讲师的理由，大学评议会毕竟不是澡堂。"[24] 1917 年 9 月，当德国与它的邻国法国正竭尽全力杀戮对方的公民时，希尔伯特在苏黎世发表了一篇题为"公理化思想"的讲演，开头是一句富有挑衅意味的话：

> 正像在民族的生活中那样，一个民族只有在和它的所有邻邦都处理好关系时才可能繁荣，国家的利益不仅要求每一个民族都服从命令，而且也要求民族之间的关系能够被妥善处理，在科学的生活中也是这样。[25]

元数学

算术的一致性问题在希尔伯特1900年在国际数学家大会上所做的报告中排在第二位。然而只是到了20世纪的20年代，希尔伯特才严肃地提出了自己处理这个问题的方法。他的学生威廉·阿克曼以及助手保罗·贝尔奈斯都与他通力合作，约翰·冯·诺依曼也做出了贡献。[1]希尔伯特从怀特海－罗素《数学原理》的逻辑系统开始，最初也是按照弗雷格－罗素的目标想用纯逻辑的术语来定义数。但他很快就不得不放弃这个目标，不过仍然认为他们所创立的符号逻辑是至关重要的。在希尔伯特的新纲领中，数学与逻辑将通过一种纯形式的符号语言被发展出来。这样一种语言可以从"内部"和"外部"来看。从内部看，它就是数学，每一步演绎都可以完全弄清楚。但是从外部看，它仅仅是许多公式和符号操作，它们可以在不考虑意义的情况下进行处理。这里的任务是要证明，从这种语言中导出的任何两个公式都不会彼此矛盾，或者等价地说（正如后来所表明的情况那样），像$1=0$或$0 \neq 0$这样的公式是不可能导出的。

庞加莱和布劳威尔所提出的批评必须要面对这样的挑战：如果一种一致性证明想要确保的方法恰恰就是它所依赖的方法，那么从这样一种证明中是不可能产生任何有价值的东西的。希尔伯特的大胆想法是一种全新的数学，他称之为元数学或证明论。一致性证明将在元

---

1. 1903年，20世纪最伟大的数学家之一约翰·冯·诺依曼出生于布达佩斯。他在一个富裕的家庭中长大，是一个少年天才，能够充分利用一切资源来培养自己的天分。他在纯粹数学和应用数学的广阔领域（包括数学物理和经济学）都有建树。1933年，他在普林斯顿高等研究院建立之初就成为它的一员，并且保持这个职位一直到1957年去世。在第二次世界大战期间，他参与研究了军事问题，其中包括洛斯阿拉莫斯的原子弹项目。这种一直持续到冷战时期的兴趣使他非常关注高级计算设备的发展。

数学内部完成。尽管在形式系统内部，每一种数学方法都可以被不加限制地运用，但元数学方法却要严格限于那些被希尔伯特称为"有限性"（finitary）的无可争议的方法。这样希尔伯特就可以嘲弄布劳威尔和外尔说：我已经证明，数学家们使用通常的那些方法是不会导致矛盾的，我证明这个结论所使用的方法甚至就是你们所赞同的那些方法。或如冯·诺依曼所指出的："可以这样说，证明论在直觉主义的基础上把古典数学建立起来，并以这种方法把直觉主义归于荒谬。"[26]

在他的方法所要营救的数学"宝藏"中，希尔伯特强调指出要把康托尔的超限数包括进来。关于这一点他说："在我看来，这是数学领地所开出的最令人惊叹的花朵，它是人类纯理性活动的最高成就之一。"[27] 他拒不接受布劳威尔和外尔的批评，并且宣称："没有人能把我们从康托尔为我们建造的乐园中赶走。"[28] 虽然布劳威尔已经准备承认希尔伯特纲领很可能会取得成功，但他依然初衷不改："……这样也得不到任何数学价值：对于一个错误的理论来说，即使它不能被任何矛盾所反驳，它依然是错误的理论，这就如同一种罪恶的政策就是罪恶的一样，即使它不能被任何法庭所禁止。"[29]

当希尔伯特使用半合法的方法把布劳威尔从《数学年鉴》的编委会中撤下时，他们之间的舌战已经上升到了行为，这使阿尔伯特·爱因斯坦开始抱怨"这场蛙鼠之战"。[30] 希尔伯特及其合作者与布劳威尔和外尔之间的争论当然都植根于关于知识本性的基本哲学问题。事实上，双方的观点都受到了伊曼努尔·康德的深刻影响。然而，与大多数哲学争论不同，希尔伯特和布劳威尔所持的立场是以纲领的方式表现出来的，这导致了非常具体的问题，于是也就潜藏着被后来的事件所推翻的可能。

布劳威尔所面临的主要问题是如何真正实现他的纲领中所说的对数学的重建，如何使数学家们相信，他们可以不用古典的实数连续统，不用排中律，也仍然不会丧失他们那些最宝贵的财富。然而，布劳威尔所提出的直觉主义数学却面临着外尔后来所说的"一种几乎令人无法承受的尴尬……"，它并没有使多少人皈依。[31] 尽管布劳威尔从未放弃过自己的观点，但他愈来愈感孤立，其晚年是在"莫须有的经济顾虑和对破产、迫害和疾病的妄想的恐惧"中度过的。1966年，当他85岁时，他在通过他家门前那条街道时被一辆车撞死。[32] 也许这个故事中最大的讽刺是，直觉主义之所以能够存活下来，并不是因为它像布劳威尔所设想的那样，成了数学工作者的正确实践，而是因为对包含他的思想的形式逻辑系统的研究。[33] 其中有些系统实际上已经成了实现形式演绎的计算机程序的基础。[34]

当然，希尔伯特纲领所提出的主要问题就是它最初的问题：算术的一致性问题。阿克曼和冯·诺依曼研究了这个问题，并且取得了部分成果。当时认为这不过是一个打磨技巧以得到完整结果的问题。1928年，希尔伯特和他的学生阿克曼出版了一本薄薄的逻辑课本，这本书是基于希尔伯特（在贝尔奈斯的协助下）自1917年以来的授课内容写成的。书中提出了两个关于弗雷格《概念文字》的基本逻辑（后来被称为一阶逻辑）的问题。从某种意义上说，这两个问题已经流传了一段时间，但正是希尔伯特对逻辑系统可以从外部进行研究的这种眼光，才造就了表达它们的清晰形式。其中一个问题是证明一阶逻辑的完备性，即任何一个从外部看来有效的公式都可以只用课本中提出的规则从系统内部导出。第二个问题以希尔伯特的"判定问题"（*Entscheidungsproblem*）而闻名，即对于一个一阶逻辑的公式，如何找到一种方法，可以在定义明确的有限的步骤内判定这个公式是否是有效的。我们在第7章中将会看到，作为需要数学家解决的具体问题，这两个问题的解决在20世纪出现了希望，而在17世纪还只能是莱布尼茨的梦想。

在1928年，希尔伯特在波伦亚举行的一届国际数学家大会上做了讲演。除非受到国际形势的影响，这些会议每4年举行一次。当然，1916年没有举行会议。1920年和1924年的会议都举行了。但是战后的痛楚是如此强烈，以至于德国人没有受到邀请。是希尔伯特坚持要德国数学家接受参加1928年国际数学家大会的邀请，而不是像路德维希·比贝尔巴赫（后来成为纳粹分子）和布劳威尔那样，希望联合抵制会议作为对《凡尔赛条约》的抗议。在讲演中，希尔伯特提出了一个关于形式系统的问题，这个系统建立在把一阶逻辑规则应用于现在被称为皮亚诺算术或PA（以意大利逻辑学家朱塞佩·皮亚诺的名字命名）的自然数公理系统的基础之上。希尔伯特希望能够证明PA是完备的，也就是说，任何一个可以在PA中表出的命题，或者可以在PA中被证明为真，或者可以在PA中被证明为假。2年后，这个问题[102]被一个名叫库尔特·哥德尔的年轻逻辑学家解决了，但答案完全不像希尔伯特所预料的那样。事实上，后来的情况表明它对于希尔伯特纲领有着巨大的破坏作用。

灾难

　　希尔伯特的传记作家把他的妻子凯特描绘成一个聪慧而有判断力的人、她丈夫的贤内助（他的许多手稿都是她抄写的）、一位母亲以及向年轻的数学家们传授生活智慧的人，对于那些年轻的数学家，希尔伯特的房间大门永远是敞开着的。希尔伯特自认为是一个尘世中人，他曾经嘲弄说，自己最好的休假是和一位同事的妻子度过的。他从未厌倦逢场作戏，只要情况允许，他就会试图与最漂亮的年轻女性跳舞。他的"激情"是如此声名狼藉，以至于在一个快乐的生日宴会上，有人即兴作诗，讲他的"爱情"可以用字母表中的每一个字母代表不同的人。但是到了字母"K"时，每个人都被难住了。这时凯特说："你至少可以想起我一次了。"于是就有了下面的几句诗：

　　　　感谢上帝，
　　　　她将不会争吵。
　　　　"谁在乎啊，"凯特道，
　　　　她是他的妻子。

对这对夫妻来说，他们的儿子弗朗茨一直是痛苦的来源（在许多方面）。他虽然在身体上与父亲极为相似，但在精神领域却没有任何相似之处。尽管他竭力掩饰自己，但事实很清楚，弗朗茨是一个心理极不正常的人，以至于最后不得不被送到医院。父亲对这个悲剧的反应是他不再有一个儿子了，而母亲却不这么想。

　　1929年，一幢新房子建成了，这里将成为哥廷根数学研究所的所在地。资金由洛克菲勒基金会和德国政府提供，这在很大程度上要 ¹⁰³归功于理查德·库朗卓有成效的外交努力。但是哥廷根成为世界数学研究中心的日子很快就要结束了。当希尔伯特1930年退休时，赫尔曼·外尔被邀请接任他的职位。同年，希尔伯特被他的出生地柯尼斯堡授予"荣誉市民"称号。那年秋天，他应邀于柯尼斯堡在德国科学家和医生协会的会议上做了一场特殊的讲演。希尔伯特特地选了一个较具一般性的主题：自然科学与逻辑。在这篇内容广泛的演说中，他强调了数学在科学中以及逻辑在数学中所扮演的极端重要的角色。带着他那一贯的乐观主义，他坚持说不存在不能解决的问题。他以下面的话作为结尾：[35]

Wir müssen wissen（我们必须知道），
Wir werden wissen（我们将会知道）。

就在希尔伯特发表演讲前几天，一个关于数学基础的研讨会在柯尼斯堡召开了。演讲者有布劳威尔的学生和追随者A. 海丁、哲学家鲁道夫·卡尔纳普以及（代表希尔伯特证明论纲领的）约翰·冯·诺依曼。在会议结束时的圆桌讨论会中，一个名叫库尔特·哥德尔的羞怯的年轻人（我们下一章的主题）不动声色地做了一项声明，对于那些领会了其要旨的人们来说，这标志了基础研究中的一个新的时代。冯·诺依曼立刻意识到一切都结束了——希尔伯特的纲领是不可能成功的。当希尔伯特得知哥德尔的声明时，他最初多少有些生气，因为在他看来，这是对他的"我们将会知道"的当头一棒。但是当贝尔奈斯用1934年和1939年出版的两大卷著作写下了希尔伯特证明论的成就时，哥德尔的工作起了重要作用。[36]

1932年，希尔伯特的70岁生日如期在新落成的数学研究所举行了庆祝活动。席上有烤面包和音乐，当然还有舞蹈，这位老人对跳舞仍然乐此不疲。也是在1932年，沮丧之情达到了顶点，纳粹在国会选举中大获全胜。在接下来的1月份，希特勒被任命为总理，德国科学的崩溃接踵而至。犹太人被禁止授课，他们纷纷地逃往了国外。尽管理查德·库朗在一战期间参加了德军的战斗，但他还是被那个他已经付出了如此多心血的数学研究所拒之门外。最终他在纽约大学创建了另一个数学研究所，这个以他的名字命名的研究所坐落在纽约市的格林威治村。尽管赫尔曼·外尔是一个"雅利安人"，但他仍然觉得德国的形势无法忍受，于是就接受了普林斯顿高等研究院的一个职位，加入了阿尔伯特·爱因斯坦的队伍。[1]

希尔伯特似乎被这种新的政治形势弄糊涂了 —— 他一方面公开抨击政治制度，即使是在这样做越来越危险的时候，另一方面又不能理解自诩的德国法律体系为什么无法抵御任何袭击。在一次聚会中，希尔伯特问他的第一个博士生布鲁门塔尔在教什么课。当得到的回答是他不再被允许教课时，这位老人义愤填膺地问他为什么不去诉诸法律。布鲁门塔尔本人去了荷兰，但是当德国人1940年入侵荷兰时，他陷入了绝境。1940年，他死在了今天位于捷克共和国的特里西恩施

---

1. 当我于20世纪40年代末读研究生时，曾经极为幸运地聆听了这些大科学家的两次讲演。作为科学阐释的例子，这两个讲演都算不上出色，但这当然不是最重要的。我们蜂拥到Fuld大厅（高等研究院总部所在地）去聆听这些传奇式的讲演。

至于赫尔曼·外尔的情况，需要介绍日本数学家Kodaira所设立的一系列讲演。关于他的讲演，我记得最清楚的就是他在谈及数学思想时的愉悦之情。外尔的讲演组织得相当不好，尽管接下来的Kodaira讲演都属于清晰地进行数学阐释的范本。

爱因斯坦的讲演来源于他为"统一场论"发现的一套方程，他所感兴趣的是由所谓的变分原理导出统一场论。他在黑板上写着字，仅仅当J. 罗伯特·奥本海默（研究院院长）提醒他时间时才停下来，这时他已经完全背离了那个时代的主流。

塔特（Theresienstadt）的臭名昭著的犹太人区。

希尔伯特于1943年去世，此时二战的硝烟还未散去。凯特也于2 [105] 年之后辞世。希尔伯特的墓碑上刻着这样两行字：

Wir müssen wissen（我们必须知道），

Wir werden wissen（我们将会知道）。

第6章
[107] 哥德尔使计划落空

　　1952年秋的一天，即我携妻子弗吉尼娅到普林斯顿高等研究院作为期2年的访问研究后不久，我们驱车沿一条古老的小路赶往研究院。此时，两个正在漫步的怪人不知不觉走到了我们车前，并挡住了我们的去路。其中高一点的那个男人穿得甚是邋遢，而另一个则着一身很合体的西服，夹着一个公文包。当我小心地驾车经过他们时，我们认出了那是阿尔伯特·爱因斯坦和库尔特·哥德尔。"爱因斯坦和他的律师。"弗吉尼娅笑道。

　　这对好朋友不仅仅是在衣着上有所不同。1952年的总统大选过后，爱因斯坦曾断言："哥德尔是完全疯了 …… 他竟然把票投给了艾森豪威尔。"[1] 对于自由主义者的爱因斯坦来说，把票投给共和党人简直是不可想象的。他们两人对许多基本哲学问题的看法也相去甚远。在提出狭义相对论的过程中，爱因斯坦深受恩斯特·马赫怀疑论的实证主义的影响，尤其是马赫对康德先验时空观的批判。康德的学说认为，我们关于时间和空间（尽管是客观的）的观念是独立于经验观察的。哥德尔在青年时就开始阅读康德的著作，而且终生都保持对德国古典哲学家（尤其是莱布尼茨）的著作的浓厚兴趣。事实上，在一份[108] 尚未发表的哥德尔的遗稿中，他认为相对论如果被恰当理解，就可以被看作是证实了康德关于时间本性的某些观点。[2] 与弗雷格和康托尔对实证主义的局限性的不满相呼应，哥德尔承认，正是通过拒斥那些思想，他才有可能看到被其他逻辑学家所忽视的联系，并且做出那些伟大的发现。[3]

在哥德尔 1978 年去世之后，一个哥德尔协会在维也纳成立了。该协会致力于逻辑以及计算机科学的相关领域中的研究，并且定期在维也纳举行会议。1993 年 8 月，协会在捷克共和国的布尔诺召开会议，纪念哥德尔诞辰 87 周年。除了既定的科学议程之外，这次会议还特地举行了一个纪念仪式，由布尔诺的市政要人在哥德尔童年时的故居安放纪念牌匾。我仍清楚地记得那时的情景：我们打着伞，站在初秋时节略有些寒意的细雨中；开始是一些捷克语的演讲，随后，一支身着色彩艳丽的民族服装的乐队演奏了几首曲子。

1906 年，库尔特·哥德尔出生于布尔诺。那时的布尔诺仍是奥匈帝国的一部分。由于某种原因，伯特兰·罗素一直认为哥德尔是犹太人。事实上，他母亲一家都是新教徒，而他的父亲则在名义上是天主教徒，不过他们平时都很少去教堂。哥德尔一直在德语学校读书，他早年的学业情况被极为完整地保留下来了，这得益于他那一丝不苟的习惯和保存旧物的爱好。从成绩单可知，他在所有的科目中都获得了高分，而他的作业本则显示出当时课程的繁重。8 岁那年，哥德尔患了风湿热，这次患病并没有留下什么身体上的后遗症。但此后哥德尔就成了终生的疑病症患者，这很可能就是此次患病的后果。他的哥哥鲁道夫曾说：当库尔特·哥德尔还是个孩子时，就表现出了一些精神上不稳定的迹象。[4]

哥德尔和爱因斯坦

第一次世界大战后奥匈帝国解体，在新成立的捷克斯洛伐克共和国，操德语的人群变成了少数民族。哥德尔一家发觉这正是他们所处的境况。维也纳坐落在布尔诺南面的108千米处，那里是德语区，有着相当好的大学。于是，鲁道夫和哥德尔很快就决定去那里求学。在 [110] 以近乎完美的成绩结束了在布尔诺的中学学习之后，哥德尔于1924年秋去了维也纳。在此之前，鲁道夫已经作为一个医科学生到了那里。现在，他们两人可以同居一室了。虽然哥德尔最初打算学习物理学，但在听了一些数论课程之后，整数中所蕴含的那种样式之美使他意识到，数学才是自己真正的追求。

奥地利共和国建立在一战后奥匈帝国的废墟之上，但仅仅过了20年，它就在1938年被纳粹德国吞并了。那是一个混乱喧嚣的年代，这个国家经常游离于内战的边缘。社会民主党的"红色"维也纳与极度保守的乡村之间的冲突一触即发。正是在这种甚嚣尘上的气氛中，著名的维也纳学派生长繁荣起来。怀特海和罗素的工作已经为数学发展出了一种人工语言，它可以将定理的证明表示成纯符号的形式演算。维也纳学派成立于1924年，它由一群哲学家和科学家组成，他们继承了马赫和亥姆霍茨的经验论-实证论传统。我们在第4章中曾经提到，康托尔和弗雷格曾经严厉地抨击过这些思想。维也纳学派对传统的形而上学深恶痛绝，他们深信，哲学的一个主要目的就是发展出类似于怀特海-罗素那样的符号系统，并对其进行研究，这些系统不仅可以包含数学，而且也可以包含经验科学。1936年，该学派的创始人莫里茨·石里克被他以前的一个疯狂的学生枪杀，而纳粹则因莫里茨·石里克可能的左翼立场而宣称该谋杀是正当的。维也纳学派的另一些主要人物还有鲁道夫·卡尔纳普和汉斯·哈恩。鲁道夫·卡尔纳普曾师从弗雷格，汉斯·哈恩则会成为哥德尔的首席教师。[1]

111 克罗内克的幽灵的回归

　　当伯特兰·罗素关于数学基础的思想在三大卷《数学原理》中具体成型时，他的学生，那个才华横溢而又富于狂想的维特根斯坦也因那本薄薄的只有75页的《逻辑哲学论》而为世人所知。这两位哲学家的思想在维也纳学派举行的讨论会上扮演着重要的角色。1926年，经汉斯·哈恩的引荐，哥德尔开始参加这些讨论会，他发觉自己对于所讨论的内容并没有多大兴趣。但即便如此，罗素所阐述的全部的数学都可以用一个形式逻辑系统来表示，以及维特根斯坦所强调的在语言内言说语言的问题，这些肯定影响了年轻的哥德尔的研究方向。维特根斯坦所关注的这些东西与希尔伯特的立场相当一致，他们都认为形式逻辑系统不仅可以在系统内部表达数学推理，而且还可以从系统外部用数学方法加以研究。

　　在希尔伯特在哥廷根所教授的逻辑课程中，他所采用的逻辑演绎的基本规则源自弗雷格的《概念文字》以及怀特海与罗素合著的《数学原理》。在他1928年的逻辑教科书中（与他的学生威廉·阿克曼合著），希尔伯特提出了在这些规则之间是否存在间隙的问题，也就是说，演绎推理应当是正确的，但规则本身却并不足以保证从前提能够

---

1. 卡尔纳普在耶拿大学获得了博士学位，在那里他师从弗雷格。卡尔纳普是那种被称为逻辑经验主义的哲学运动的领军人物。自1935年起，他一直在美国大学任教，首先是在芝加哥大学，然后是在加利福尼亚大学洛杉矶分校。
汉斯·哈恩是哥德尔的论文指导老师。他在数学的不少领域里都做出了重要贡献，并对哲学问题有着浓厚的兴趣。

得出结论。他相信并不存在这样的间隙，但他要求对规则本身是完备的进行证明。哥德尔选择了这个问题作博士论文。虽然他很快就得到了希尔伯特所想要的结果，但这其中却不乏反讽的意味。哥德尔所运用的技巧是当时的逻辑学家们相当熟悉的，但为什么他们没有得出这一成果呢？由于布劳威尔-外尔的责难，再加上希尔伯特在元数学的研究中默许了这些责难，这些都影响了他们，束缚住了他们的手脚。我们很快就会看到这一点。

逻辑演绎是从前提到结论的过程。当我们使用弗雷格-罗素-希[112]尔伯特的符号逻辑时，每一个前提和结论皆由一个逻辑公式来表示，也就是相当于一个符号串。[5] 这些符号中有些表示纯粹的逻辑概念，有些只是标点符号，还有一些则是指相关的特定主题。下面是一个逻辑推理的例子：其中前两行是前提，第三行则是结论。

> 任何一个恋爱中的人都是快乐的。
>
> 威廉爱着苏珊。
> ———————————————
> 威廉是快乐的。

运用第3章所介绍的逻辑符号系统，我们可以把它翻译成逻辑语言：

$$(\forall x)\,((\exists y)\,L\,(x, y) \supset H\,(x))\ (*)$$
$$L\,(W, S)$$
$$H\,(W)$$

在这个推理中所使用的逻辑符号是⊃ , ∀ 和∃, 其含义见下表:

$$⊃ 如果 ……, 那么 ……$$
$$∀ 所有$$
$$∃ 某个$$

字母x, y是变元, 它们 (就像代词一样) 表示被考察人群中的任一个体, 而其他符号L, W, H和S所具有的含义则与特定的主题相关。如下所示:

$$L = 恋爱关系$$
$$H = 快乐这一属性$$
$$W = 威廉$$
$$S = 苏珊$$

由此我们可以把这一推理表示成如下形式:

对于所有的x, 如果有一个y为x所爱, 则x是快乐的。

威廉爱着苏珊。

_____

威廉是快乐的。

说这个推理是有效的就意味着, 无论我们所选择的这些个体所处的群体是什么, 无论用字母L表示这些个体间的什么关系, 无论用字母H表示这些个体所具有的什么属性, 以及无论选择把哪些特定的

个体指定给字母 W 和 S, 只要我们在推理时保证两个前提皆为真陈述, 那么结论就必然为真。为了进一步阐明什么叫作一个推理是有效的, 我们不妨用一种完全不同的主题对前面的符号推理做出解释:

食肉动物有着锋利的牙齿。

狼捕食羊。

——————————————

狼有着锋利的牙齿。

为了说明这个例子也可以用前面的符号推理（*）来表示, 我们可以用变元 x, y 来表示哺乳动物的任意种类, 并对其他字母做如下解释:

$L=$ 物种之间的捕食关系

$H=$ 有锋利的牙齿这一属性

$W=$ 狼

S = 羊

于是, 这一符号推理就可以表示为:

对于所有的 x, 如果有一个 y 是被 x 捕食的,

则 x 有锋利的牙齿。

狼捕食羊。

——————————————————————

狼有锋利的牙齿。

114 　　以上解释了推理是有效的是什么含义。希尔伯特希望证明，任何一个有效的推理都可以用弗雷格－罗素－希尔伯特的规则从前提到结论逐步得到证明。换句话说，希尔伯特期望这样一种证明：如果一个推理具有如下属性，

　　　　不论对公式中的字母做何种解释，只要其前提是真陈述，则它的结论就是真的。

那么我们就可以用弗雷格－罗素－希尔伯特的规则从前提推演出结论。哥德尔在其博士论文中成功地给出了希尔伯特所期望的证明。

　　哥德尔对自己的证明的解释是直接而又清楚的，这成了他后来所发表的作品的特色。然而，尽管这项重要性随着时间流逝而日趋明显的成果给人以深刻的印象，但他所使用的方法却并没有什么新颖之处，当时的逻辑学家对此都很熟悉。这就使人好奇希尔伯特、阿克曼和贝尔奈斯所组成的强大团队为什么就不能得出这样一个证明。的确，哥德尔在许多年之后评论说，这条定理是挪威逻辑学家特拉尔夫·司寇伦1922年所写的论文的结果的"近乎平凡的推论"。司寇伦的论文比哥德尔的博士论文早了6年（不过哥德尔和哈恩可能对这篇论文都不熟悉）。在一封写于1967年的信中，哥德尔回忆起20世纪20年代，他谈道"当时逻辑学家的盲目……的确很令人奇怪。"不过他又接着说道：

　　　　我认为这也不难解释。这是因为那个时代的人们普遍缺乏元数学和非有限性推理所要求的认识论态度。[6]

随着布劳威尔-外尔对非有限性推理提出批评（前面的章节已经讨论过），以及希尔伯特规定在他的元数学中只允许有限性推理，从外部对形式逻辑系统进行研究必须严格限于有限性方法，这至少已经得到了默认，布劳威尔不可能拒绝此种方法。[7] 然而事实上，哥德尔的完备性定理如果不使用非有限性方法就不可能获证。在没有与希尔伯特纲领的目标及其方法论限制相左的情况下，哥德尔解释了为什么非有限性方法在这种情况下可以被允许： [115]

> ……并不是关于数学基础的争论导致了这里所处理的问题（比如数学的一致性问题就是这样）；而是说，即使"幼稚的"数学就其内容而言是正确的从未受到过质疑，这个问题也本可以在这种幼稚的数学中被有意义地提出来（一致性问题与此不同），这就是为什么证明方法上的限制在这里并不像在其他数学问题处那般紧迫。[8]

因此，当哥德尔接受希尔伯特在数学研究中所加的有限性方法的限制以确保数学基础的稳固时，他发现在数理逻辑的工作中没有必要给自己穿上这样一件紧身衣，它并不是这项工作的一部分。

不可判定命题

在希尔伯特于1900年所列的著名问题中，第二个问题是对实数算术的一致性进行证明。当时，没有人知道这样一个证明会是什么样子，特别是不知道它如何才能摆脱循环论证，也就是说，如何在证明中避免用到证明所要证明其为正当的方法。就像我们在前面的章节中所看到的那样，希尔伯特在20世纪20年代介绍了他的元数学纲领：一致性有待证明的公理将被包含在一个形式逻辑系统之内，而证明仅仅是有限数目的符号的一种排列而已。接着，证明这个系统的无矛盾性就要用到希尔伯特所说的有限性方法，该方法甚至比布劳威尔愿意接受的还要严格。当哥德尔完成了他的博士论文转而研究这些问题时，希尔伯特纲领的胜利似乎遥遥在望。

116　　1928年，希尔伯特曾在波伦亚所举行的国际数学家大会上谈到了这个系统，今天该系统被称为皮亚诺算术（PA），它包含了关于自然数1，2，3，……的基本理论。当哥德尔开始思考希尔伯特纲领时，希尔伯特的学生阿克曼和冯·诺伊曼似乎正朝着用有限性方法证明PA的一致性的方向大步迈进。他们二人都已经为PA的一个受限的子系统找到了这样的证明。且被认为，只要克服一些技术上的困难，成功将指日可待。哥德尔本人很可能也持这种看法。无论如何，他决定去证明那些较之PA更强的系统的一致性。由于已经有了一些重要的关于相对一致性的证明，所以这是一个很自然的想法。哥德尔曾经希望用有限性方法把这种可以包含实数算术的更强的系统的一致性还原为PA的一致性。这在很大程度上是在遵循希尔伯特的路线：希尔伯特曾经把欧几里得几何的一致性还原为实数算术的一致性，现在哥德尔希望把这种还原继续进行下去。如果哥德尔成功了，那么希尔伯特的追随者们对PA的一致性的证明就将自动为实数算术的一致性提供证明，这样就满足了希尔伯特在1900年提出的第二个问题的要求。然而这是做不到的。哥德尔不仅在这项努力中失败了，他还证明了他是不可能成功的。最终，他非但没能像他曾经希望地那样去抵挡布劳威尔-外尔的批评来帮助保卫数学，反而有力地葬送了希尔伯特纲领。

当哥德尔开始思考这些问题时，他重新思考了从外部而不是从内部考察一个形式逻辑系统的意思。罗素和怀特海已经相当令人信服地表明，所有的普通数学都可以在这样一个系统内部发展出来。希尔伯特在他的元数学中试图运用严格受限的数学方法去从外部研究这样的系统。那么，为什么元数学自身不能在一个形式逻辑系统内部发展出来呢？从外部看，这些系统包含着符号串之间的关系。从内部看，这些系统能够表达关于不同数学对象（包括自然数）的命题。而且，想到用自然数来为符号串编码的方式并不困难。啊哈！通过使用这样的代码，外部就可以被带到内部了。为了说明这些代码的用处，让我们再来看看"任何一个恋爱中的人都是快乐的"这个前提是如何被符号化的：[117]

$$(\forall x)((\exists y) L (x, y) \supset H (x)) \quad (*)$$

我们这里所有的只是10个符号的一个排列或串，这10个符号是：

$$, L H \supset \forall \exists x y ( )$$

我们可以采用一种简单的编码方案，其中每一个符号都被一个十进制的阿拉伯数字所替代，例如：

,	L	H	$\supset$	$\forall$	$\exists$	x	y	(	)
↓	↓	↓	↓	↓	↓	↓	↓	↓	↓
0	1	2	3	4	5	6	7	8	9

对于（＊），用上面所示的数字代替那些符号，我们便得到了编码
数

$$846988579186079328699。$$

请注意，不仅从符号串到它的编码数是容易的，反过来也同样容易。
当然，如果符号超过了10个，我们就必须使用一种不同的编码方式，
但这并不会带来什么困难。例如，倘若给每一个符号配上两个十进位
的数字，那么我们就可以为多达100个的符号编码。从本质上讲，同
样的方法可以被用于任何形式逻辑系统。因此，这类系统（所有这些
系统从外部看都呈现为符号串）的不同表达方式都可以用自然数来编
码。[9]

　　如何在那些极其相似的系统中用编码去发展出形式逻辑系统的
元数学，这对哥德尔来说是不成问题的。但在实际过程中，根据维也
纳学派内部广为传播的那些律令，他发现自己的想法是被严格禁止的。
哥德尔发现存在着这样的命题，它们从系统外部看是真命题，但却无
法在系统内部获得证明。在维也纳学派的许多支持者看来，除了可证
明性，数学真理性的任何其他观念都是无意义的，都只是唯心论形而
上学的怪胎。哥德尔没有受这些信念影响，他得到了一个完全相反的
非凡结论：一种有意义的数学真理的观念不仅是存在的，而且其范围
还超出了任何给定的形式系统的证明能力。这个结论适用于相当广泛
的形式逻辑系统，从像PA那样的相对较弱的系统到怀特海和罗素的
《数学原理》（PM）那样的囊括了全部古典数学的系统，对于这些系统
中的任何一个，都存在着该系统中可表达而不可证的真命题。在哥德

尔1931年发表的那篇卓越的论文——"论《数学原理》及有关系统的形式不可判定命题"中,他选择对形式系统PM给出了他的结果,从而说明即使很强逻辑的系统也不可能把全部数学真理包含在内。[10]

在哥德尔的证明中,关键的一步在于他证明了:一个自然数作为在PM中可证命题的代码数的性质本身可以在PM中表示出来。用此事实,哥德尔可以在PM中构造出一些命题,在那些知道如何使用特定编码的人看来,这些命题可以被看作表达了这样一个断言,即某些命题在PM中是不可证的。也就是说,他能够构造出这样一个命题A,该命题经编码后,可以解释为断言某一命题B在PM中是不可证的。现在,在那些没有获知密码的人看来,命题A只不过是一串符号而已,它表示某个关于自然数的复杂而神秘的命题。但是通过代码,神秘性便消失了:A表示这样一个命题,即某个符号串B表示一个在PM中不可证的命题。A和B通常是不同的命题。哥德尔问,它们是否有可能是相同的呢?事实上,它们可以是相同的。哥德尔能够用他从格奥尔格·康托尔那里学到的一种数学技巧——对角线方法来证明这个结论。运用这种技巧,我们可以使被断言为不可证的命题和那个做出这一断言的命题是同一个命题。换句话说,哥德尔发现了如何获得这样一个非凡的命题,我们将称之为U,它有如下性质:

·U说某个特殊的命题在PM中不可证。

119

·那个特殊的命题就是U本身。

· **因此,U说:"U在PM中不可证。"**

在维也纳学派内部，人们普遍认为，对于一个类似于 PM 的系统中所表达的命题来说，命题为"真"的意义就是它根据该系统的规则是可证的。命题 U 的上述性质使得这一信念不再能够成立了。如果我们承认 PM 不会撒谎，也就是说在 PM 中证明的任何命题都是真的，[11] 那么我们就发现 U 是真的，但它在 PM 中不可证。如下所示：

1. U 是真的。假定它是假的，那么它所表述的内容就是假的，因此它就不可能是不可证的，从而一定是可证的，因此是真的。这就与开始的假定即 U 是假的相矛盾了。所以它一定是真的。

2. U 在 PM 中是不可证的。既然它是真的，那么它所表述的内容必定为真，所以它在 PM 中不可证。

3. U 的否定（记作 $\neg U$）在 PM 中不可证。因为 U 是真的，$\neg U$ 必定为假，从而在 PM 中也不可证。

U 具有这样的性质：它和它的否定在 PM 中都不可证。为了强调这种性质，我们把 U 称为不可判定命题。但这也不能强调得太过分，因为这种不可判定性只与系统内部的可证明性相关。从我们外部的观点来看，U 显然是真的。[12]

现在这里出现了一个难题：我们知道 U 是真的，尽管它在 PM 中不可证。既然 PM 包含了所有的普通数学，那么 U 为真为什么在 PM 内部不可证？哥德尔认识到这差一点就是可能的了，但这里存在着一个意想不到的障碍。在 PM 内部，我们可以证明：

假如PM是一致的，那么U。

因此，正是PM是一致的这一额外假定，才使U在PM内部得不到证明。既然我们知道U在PM内部是不可证的，我们就必须得出结论说，PM的一致性在PM中不可证。然而，希尔伯特纲领的主旨就在于：用被[120]认为仅仅构成PM的一个非常有限的子集的有限性方法来证明像PM这样的系统的一致性。然而哥德尔却证明了，即使就PM的全部能力而言，它也不足以证明其自身的一致性。因此，至少如最初所设想的那样，希尔伯特纲领走到了尽头！[13]

库尔特·哥德尔，计算机程序设计师

今天，我们知道有这样一种实际的物理装置，它的功能相当于一个通用的信息处理可编程计算机。但在1930年，实现这一切还要再等几十年。不过，熟悉现代程序设计语言的人在看哥德尔那年写的关于不可判定性的论文时，会看到45个编了号的公式序列，它们看起来非常像一个计算机程序。这种相似决非偶然。在证明作为PM中的一个证明的代码数这种性质可以在PM内部表示出来时，哥德尔不得不解决许多问题，这些问题与那些在设计程序语言和用这些语言编写程序时所面临的问题是相同的。在最基础的层次上，当代的计算机仅能通过由0和1所组成的一些短的字符串来执行简单的基本运算。那些所谓高级程序语言的设计师们面临着这样的任务，他们要向程序员们提供可以包含非常复杂的运算的语句，而且还得使这些程序员们喜欢用它。要想让用这些语句所写出的程序被一台计算机执行，它们就必须被翻译成机器语言 —— 翻译成执行它们所需的详细的基本运算

清单。此项工作由特殊的翻译程序来完成，它被称为*解释程序或者汇编程序*。[1]

121　在哥德尔对不可判定命题的存在性的证明中，其重点在于这一事实，即在 PM 中的可证明性可以在 PM 内部表示出来。哥德尔非常清楚自己要把这一革命性的结果提交给一群极富怀疑精神的读者，他希望能够消除任何疑虑。于是他就面临着这样一个问题，即把与 PM 的公理和推理规则相对应的字符串的代码数的复杂操作分解开来，并把它们转化成用 PM 的符号语言所写成的表达式。为了解决这个问题，哥德尔实际上创造了一种特殊的语言，通过这种语言，所需的操作就可以被一步步地展开。[14] 每一步都是由一种对数的运算的定义组成的，经过哥德尔所使用的代码的转换，这种运算与 PM 表达式的一种平行的运算相对应。这些定义利用了在前面的步骤中已经定义过的项，由哥德尔的特殊语言表达出来。这样设计这种特殊的语言，就可以保证通过这样一种定义而被引入的运算能够在 PM 内部被恰当地表示出来。

莱布尼茨曾经建议发明这样一种精确的人工语言，能够把人类的大多数思想还原为演算。弗雷格在其《概念文字》中说明了如何能够把握数学家们通常使用的逻辑推理。怀特海和罗素用一种人工逻辑语言成功地发展出了实际的数学。希尔伯特已经建议对这些语言进行元数学的研究。但在哥德尔以前，没有人能够说明如何才能把这些元数学的概念植入这些语言本身。[15]

---

1. 解释程序把一个程序的许多步骤逐步翻译成机器语言，并且在进行到下一步之前执行每一个步骤。编译程序则把整个程序翻译成机器语言。如此产生的机器语言程序可以作为一个独立条目运行，而不再需要编译程序。几乎所有的商业软件都是由编译程序生成的。

除了构造出一个不可判定命题U以外，哥德尔还希望证明该命题的陈述并不需要异乎寻常的数学概念。为此，哥德尔使用了初等数论中的一个定理——中国剩余定理。通过该定理，哥德尔说明了所有能够用他的特殊语言表示出来的运算如何能够用自然数算术的基本语言表示出来。[16] 由此可知，不可判定命题U本身也可以用这种基本语言表示出来。这就意味着，U可以用这样一个字母表写出来，组成这个字母表的变量只能取值任何自然数、算术运算＋和×、" ＝ "以及弗雷格逻辑中的基本运算，今天写成┐、⊃、∧、∨、∃ 和∀。这里引人注目的结论是，即使是局限于这个如此贫乏的字母表，在PM内部不可判定的命题也可以被构造出来。

柯尼斯堡会议

1930年8月26日，在维也纳的议会咖啡馆，年仅24岁的库尔特·哥德尔正在与鲁道夫·卡尔纳普谈论着10天后将要在柯尼斯堡召开的"精密科学的认识论会议"。卡尔纳普当时近40岁，他是维也纳学派的领军人物。按照安排，他将发表一个关于数学基础的逻辑主义纲领的演讲，这个纲领在怀特海和罗素的《数学原理》中得到了最充分的体现。卡尔纳普的笔记表明，哥德尔已经把自己的重大发现告诉了他，即《数学原理》中存在着关于自然数的不可判定命题。这两个逻辑学家（以及其他与会者）一起去了柯尼斯堡。会议的第一天共有三个关于数学基础的讲演，每一个都持续1小时。卡尔纳普以逻辑主义为主题开始了他的演讲，异乎寻常的是，他在演讲中只字未提哥德尔的新结果。随后是布劳威尔的一个学生海丁的报告，他讲的是布劳威尔的直觉主义。当天的最后一个讲演是冯·诺依曼做的，他所讲的主题是希尔伯特纲领。[17]

第二天又有三个1小时的演讲，除此之外还有三个20分钟的发言，其中的一个发言是哥德尔做的，主题是他的博士论文，即弗雷格的规则的完备性。会议的第三天有一个关于数学基础的圆桌会议。在会上，哥德尔向众人宣布了他那个惊人的发现。他用了相当长的时间试探性地讨论了从类似PM这样一个系统的一致性证明中可以得到什么。他断言，即使已经知道这样一个系统是一致的，我们也完全有可能在该系统内部证明一个关于自然数的命题，该命题从系统的外部看是假的。因此，一个形式系统的一致性不足以保证在该系统内被证明的命题是正确的。冯·诺伊曼对此表示了赞许，这显然激励哥德尔继续走了下去。哥德尔进而宣称，如果假定像PM这样的系统的一致性，"我们甚至能够给出一些有着简单算术形式的命题的例子"，它们是真的，但在这样一个系统中却是不可证的。"因此"，他继续说道，"假如把这样一个命题的否定式加入"PM，那么我们就可以得到一个一致的系统，但在该系统中有一个假命题是可证的。[18]

冯·诺依曼似乎立刻就理解了哥德尔的工作的意义，他在会议结束时找哥德尔进行了一次讨论。没有任何迹象表明还有其他人认识到发生了什么。冯·诺依曼继续思考这一问题，他确信（原因已在上文解释过了）从哥德尔的结果可以得出一致性本身是不可证的，并进一步断定这就宣告了希尔伯特纲领的失败。当冯·诺依曼写信告诉哥德尔这个信息时，哥德尔已将自己含有同一结论的论文拿去发表了。哥德尔立即做出回复，还寄上了他的文章的预印本。冯·诺依曼回信感谢了哥德尔，并且不无沮丧地说："既然您所建立的一致性的不可证

性是您早期的结果的自然延续和深化，那么我当然不会就该主题发表
什么了。"[19] 逻辑和数学基础曾经是冯·诺依曼的主要兴趣之一。他
成了哥德尔的一个好朋友，曾就哥德尔的工作做了多次演讲，并且称
赞哥德尔是自亚里士多德之后最伟大的逻辑学家。[20] 但他自己却终
止了逻辑方面的工作。当他10多年后重新对逻辑有了兴趣时，他对逻
辑的兴趣体现在了硬件上：通用数字计算机。

　　冯·诺依曼后来与计算机打交道时的一个合作者曾经讲过这样一
个有趣的故事，冯·诺依曼常常谈起他证明算术一致性的努力：

　　　　一天的工作结束后，[冯·诺依曼]会去上床睡觉，在
　　夜里他经常因为有了新的洞见而醒来……这时他会努力
　　为[算术一致性]给出一个证明，但却未能成功！有一天
　　夜里，他梦见了如何去克服他的困难，并且把他的证明继
　　续推进……第二天一大早，他就着手攻克难关，这一次他
　　又没有成功，又一次在夜里身心疲惫地上床睡了觉，然后
　　开始做梦。这回他又梦见了克服困难的方法，但是当他醒
　　来之后……他看到那里仍然有一道无法跨越的鸿沟。

冯·诺依曼打趣地说，如果他能在第三个夜里梦见它，事情就会是另
一种样子了！[21]

　　哥德尔公布他的惊人发现的那次会议并不是那一周在柯尼斯堡
所举行的主要活动，主要活动是德国科学家和医生协会在柯尼斯堡举
行的大会。在圆桌会议的第二天，大卫·希尔伯特就发表了开幕演说。

正是在这里，希尔伯特明确地喊出了他的口号："wir müssen wissen;
wir werden wissen"（我们必须知道，我们将会知道），他相信所有数
学问题都必须得到回答，而且将会得到回答。这一口号后来刻在了他
的墓碑上。哥德尔的不完备性定理表明，如果数学被局限在像PM那
样的特殊的形式系统中，那么希尔伯特的信念就是徒劳的。对于任何
一个特定的形式系统，都会有数学问题超越于它。另一方面，从原则
上讲，每一个这样的问题都会导向一个更强的系统，在该系统中能够
得到这个问题的解答。我们可以想象出更强系统的分层体系，每一个
较强的系统都可以解决较弱的系统所遗留的问题。虽然所有这些作为
理论问题是无可争议的，但是它在何种程度上会成为数学实践，这个
问题却是模糊不清的。哥德尔为数学家们留下了这样一份遗产，即学
会用这些更强的系统来解决棘手的问题。虽然一些勇敢的研究者仍然
沿着这些思路进行着研究，但大多数数学家仍然不知道这些问题，有
些专家也带着极端的怀疑欢迎这项工作。[22]

爱与恨

　　奥尔伽·陶斯基-托德是哥德尔在维也纳时的同学，她后来成了
125 一位卓越的数论学家。她曾经说，在同学中哥德尔的能力是公认的，
每当有同学遇到困难时，哥德尔总是愿意提供帮助。她讲了下面一则
有趣的逸事：

　　　　毫无疑问，哥德尔喜欢班上的异性同学，他自己也从
　　不隐瞒这个事实……有一次，我正在图书馆外面的数学
　　研讨班的小房间里工作。这时门开了，一位个头很小的、

非常年轻的姑娘走了进来。她长得很好看……穿着一件美丽的、样式很独特的夏装。没过多久,哥德尔走了进来,于是她站起来,两个人一同离开了。哥德尔似乎很显然是在炫耀。[23]

当哥德尔还是学生的时候,他就遇到了阿黛勒,一个将会成为其终身伴侣的女人。他们交往了十几年才结了婚。当时她是个有夫之妇,在一家夜总会做舞女。[1] 哥德尔的父母不大可能对他的选择感到高兴——这不仅是因为她比哥德尔大6岁,而且还因为她是一个罗马天主教徒。而且,维也纳的舞女或多或少都有着不好的名声,人们认为她们会为不多的一笔钱而提供性服务。[24] 也许正是由于这些因素,哥德尔在处理自己和阿黛勒的关系上相当慎重,他们两人在婚前似乎保持着亲密的私人关系。当他们最终结婚时,阿黛勒的存在令哥德尔的同事们感到相当惊讶。[25] 鲁道夫(他一直单身)在他的弟弟死后不久写道:"对于我弟弟的婚姻,我将不会擅自做出评价。"[26] 婚姻的幸福永远是一个巨大的秘密,老人和所谓的智者对此所做出的预言往往会出错。哥德尔的婚姻就是这样,事实证明,他和阿黛勒的婚姻生活是持久而快乐的。

当哥德尔试图在奥地利开始他的职业生涯时,这个国家正陷于政治、社会和经济的灾难性的动荡之中。当第一次世界大战即将结束之时,这个在奥匈帝国的废墟上建立起来的操德语的国家被协约国禁止去做大多数奥地利人想做的事情:与德国统一成一个国

---

1. 有材料说,她在一家名叫"夜蛾"(Der Nacht falter)的夜总会跳舞,"蛾"这个名字旨在暗示晚间幽暗的生物。另有人说她是一名芭蕾舞演员。

家。无论如何，独立民主的奥地利并没有存在多久。1927年，在法西斯的武装党卫队和社会民主党的防御同盟之间所展开的一场强度不大的内战达到了白热化：当一个老人和一个小孩被反动分子所杀害，而一个陪审员拒绝宣判杀人犯们有罪时，社会民主党人组织了一场规模浩大的示威游行。在这场游行中，司法部大楼被焚烧，大约有一百多人丧生。1929年底，共和国的总统已经通过紧急事态法令而掌握了统治权。同时，席卷世界的严重的经济危机（在美国称为"大萧条"）使得保持克制再也不可能了。1932年被选举上台的多尔福斯政权成了独裁的政府，它终止了议会的任何有意义的职能。原本就已经很坏的事态，现在变得更糟了。到了1934年的早些时候，希特勒已经在德国掌权，除多尔福斯的祖国阵线以外，所有其他的政党都被废除了。几个月后，多尔福斯在奥地利纳粹的一次未遂的政变中被谋杀。他的继任者舒施尼希在墨索里尼的帮助下，没有让希特勒染指奥地利。但好景不长，到了1938年3月，奥地利终于被纳粹德国所吞并。

　　1933年2月，哥德尔获得官方任命当上了讲师，从此开始了他那漫长的学术升迁过程。与此同时，他积极参加了数学家卡尔·门格尔（他也是维也纳学派中的一个积极分子）所主持的一个讨论会，以及他的论文指导老师哈恩所主持的一个逻辑研讨班。哥德尔的一大批有趣的成果都是出自这一时期，其中一些重要成果是在门格尔的讨论会文集中作为小文章发表的。[27] 1933年夏，哥德尔在困难的条件下开设了他任讲师之后的第一门课。曾经有一周，维也纳有好几个地方都有纳粹恐怖分子安放的炸弹爆炸。由于纳粹的活动，大学不得不在某一天关闭了。

在这种情况下，当新成立的普林斯顿高等研究院邀请哥德尔去做1933—1934学年的访问研究时，哥德尔是很难拒绝的。他不仅可以躲过国内政治的疯狂，而且他也很期望能与阿尔伯特·爱因斯坦和冯·诺依曼这样的科学巨星共事。然而，离开家人和朋友（也许主要是阿黛勒）几乎一年的时间，肯定会给这个害羞的患有疑病症的年轻 127 人带来了不少忧虑。事实上，当哥德尔去乘坐那条将他穿越大西洋的渡轮时，他确定自己得了感冒，又打道回府了。只是在家人的劝说下，他才乘了另一艘船做了此次远航。

哥德尔在普林斯顿这一年的生活几乎不为人所知。他于当年12月在马萨诸塞的剑桥所做的一个演讲的演讲稿被保存下来了。此外，第2年春天他在普林斯顿所做的一系列演讲的稿子也肯定被保留下来了，但关于他个人生活的信息我们已经无从获得。我们所知道的只是当年6月他返回了维也纳，此后没过几个月，他就精神崩溃了。他在普克斯多夫疗养院住了一段时间，"该疗养院是专为富人们开设的，那里有温泉疗养区，设有门诊部，还有病人休养所"。在那里，给他治疗的是诺贝尔奖获得者——精神病医生尤利乌斯·瓦格纳–尧雷格。[28] 当哥德尔返回奥地利时，奥地利遭遇了许多不幸的事件。7月末，多尔福斯在纳粹的一次未遂政变中被暗杀；前一天，哥德尔的博士论文导师汉斯·哈恩死于癌症手术的并发症；大学里的情况日益恶化，行政负责人被要求加入法西斯的祖国阵线；许多被认为是左派的教授，甚至那些从不关心政治的犹太学者们，都被解除了职务。不过，如今已经不可能知道这些事件对哥德尔的精神崩溃起过什么样的作用。

回想起来，法西斯主义的稳步发展中所包含的危险是很容易看出来的。但对那些有能力预见未来而选择逃走的人来说，事情并不那么简单，他们认为事情总会得到解决。哥德尔的哥哥写道，他们家里没有一个人"对政治感兴趣"，因此，他们没能理解1933年希特勒在德国掌权意味着什么。然而，他继续写道：

> 有两个事件迅速地擦亮了我们的眼睛：总理多尔福斯被暗杀，以及哲学家石里克被暗杀。石里克教授是被一个国家社会主义的学生暗害的，我的哥哥曾经参加过他的学派。[29]

哥德尔一方面保持着与普林斯顿高等研究院的联系，从而为将来准备更多的可能性；另一方面，他继续在维也纳发展自己的学术事业。1935年5月，他在大学里开设了他的第二门课程。同年9月，他又一次到普林斯顿高等研究院做访问学者，这一次他没有在美国待多久。由于精神极度沮丧，他辞去了自己的职位，12月初就回到了家。哥德尔后来曾说，石里克被刺杀的1936年是他一生中最糟糕的年头。他的精神状况越来越差，大多数时间都在疗养院度过。但1937年是一个巨大的转机。这年6月，当哥德尔在大学里教授一门集合论课程时，他关于康托尔的连续统假设的工作取得了一个重大突破。连续统假设在希尔伯特1900年著名的问题列表中被列为第一个问题。（后面我们会具体讲到。）

1938年3月，希特勒入侵奥地利，并将其并入德国。同年10月，哥德尔第三次去美国访问。此时距他和阿黛勒结婚不过2周，他把阿黛勒留在了维也纳。[1]他在美国度过的这一年可谓成果颇丰。他在普林斯顿度过了秋季学期，并在那里做了关于康托尔的连续统假设的发现的演讲，其后的春季学期他去了圣母大学做访问研究。他的老同事卡尔·门格尔在逃出维也纳之后，就在该大学任教。但是当整个学年结束后，1939年6月末，哥德尔又返回维也纳与阿黛勒团聚。2个月后，德国就入侵了波兰，从而挑起了第二次世界大战。

此时，哥德尔所处的维也纳已经是纳粹德国的一部分，它正在作为希特勒"新秩序"的一部分而被系统地改造。在大学里，讲师的职位已经被废除，取而代之的则是一种被称为"新秩序讲师"（*Dozent neuer Ordnung*）的新的职位。这个新职位会提供少量薪水，但它需要重新申请，而且候选人必须经过政治观点和种族纯洁性的考察。当年9月，也就是第二次世界大战爆发后不久，哥德尔就提出了申请。令他惊讶和气愤的是，他的申请竟然没有被批准。负责讲师申请的官吏在呈交给院长的报告书中指出，哥德尔曾在"犹太教授哈恩"的指导 [129] 下工作过，而且他还出入于"犹太人－的自由主义的"圈子。另一方面，也从未听说他有过任何"反对国家社会主义"的言论。在这种情况下，无论是批准还是拒绝申请都是不可能的。一个不可判定命题！

耽搁了几个月之后，哥德尔又遭受了另一个严重打击。他被要求参加体格检查，以确定他是否适合服兵役。令他惊讶的事件又一次发生了，他被宣布为符合驻防的条件。差不多就在这个时候，哥德尔和阿黛勒于11月从他们在郊外租的房子里搬出，迁入了他们新近在城里

---

1. 有理由相信，这对新婚夫妇曾经有过同去普林斯顿的计划。参见 [Dawson]（在参考书目中），第128—129页。

买的一套公寓。[30] 哥德尔明显地忘记了发生在他周围的一切，这只能被解释为一种病态的拒绝。犹太人古斯塔夫·伯格曼是维也纳学派的一个成员，1938 年 10 月，他随着一股犹太难民潮到了美国，他曾经讲过一个故事，很好地说明了这一点。当伯格曼在美国安定下来后不久，哥德尔邀他共进午餐（然后在普林斯顿访问）。哥德尔问："是什么让你决定到美国来的，伯格曼先生？"这使他大吃一惊。[31] 使他最终认识到哥德尔的危险境况的事情似乎是，他搬家之后不久，他在街上遭到一伙流氓殴打，眼镜也被打掉了。[32]

　　在德国闪电般地占领波兰之后，1939 — 1940 年的冬天是有名的"假战"（Phony war）时期。此时距德军攻入西欧，并且导致法国的溃败还有几个月。直到 1941 年的 6 月，德国才开始进攻苏联。事实上，德国和苏联曾经签订有互不侵犯条约。此前苏联一直都在向德国提供军用物资。1939 年 12 月，哥德尔终于决定尽一切可能离开欧洲。为此，他和阿黛勒需要获得德国政府的出境许可证以及美国的签证。这两件事没有一件是容易办到的。在这方面，普林斯顿高等研究院的新任院长弗兰克·艾德洛特功不可没。在与美国国务院交涉时，他有意把真实情况做了一点更改。虽然他很清楚哥德尔还不是教授，但在他的信件中，哥德尔成了"哥德尔教授"。在回答哥德尔在普林斯顿高等研究院的教学职责是什么的时候，他很冷静地撒谎说："哥德尔教授的职责将包括教学"，不过是在一个高级的因而是非正式的地位上。此外，艾德洛特还在给华盛顿的德国大使馆写的信中强调，哥德尔是一个"雅利安人"，而且是世界上最伟大的数学家之一。这个计谋奏效了，所有必需的文件均已办妥，哥德尔现在可以离开欧洲了。然而，人们认为穿越大西洋实在是太危险了，于是他们绕了一大圈穿过西伯利亚到达日本，然后横渡太平洋，最后乘火车抵达普林斯顿。当他们到达目的地时，已经是3月中旬了。[33]

奥斯卡·摩根斯滕是最先去迎接哥德尔的人之一，他后来成了哥德尔的一个好朋友。摩根斯滕是一个经济学家，他在维也纳学派偶然认识了哥德尔。当他从领导职位上被解聘之后，他接受了普林斯顿大学的一个教授职位。当他迫切地向哥德尔询问维也纳当前的形势时，哥德尔说："咖啡很糟糕。"[34] 这个回答令他倒吸一口冷气。

希尔伯特的宣言

在希尔伯特1900年的问题列表中，排在首位的就是康托尔的连续统假设。它断言由实数组成的无穷集合只有两种大小。小的无穷集合是那些与自然数集同样大的集合，也就是说这些集合能够与集合 $\{1, 2, 3, \cdots\}$ 一一对应起来。大的无穷集合是那些能够与实数集一一对应起来的集合。连续统假设说，任何一个由实数组成的无穷集合必定是这两种类型当中的一种，因此决不存在一个实数无穷集，它的大小介于这两者之间。（用康托尔无穷基数的语言来表达，就是任何一个由实数组成的无穷集的基数要么是 $\aleph_0$，要么是 C。）希尔伯特在他的讲演中称，连续统假设"似乎非常真实"，但"尽管付出了最为艰辛的努力，还没有人能够成功地证明"它。[35] 四分之一个世纪以后，希尔伯特又回到了这个问题，他宣称自己能够用他的元数学方法来证明连续统假设。然而，事实证明这不过是一个幻觉。1934年，波兰数学家瓦茨拉夫·谢尔品斯基发表了一篇论文，这篇文章专门讨论了业已发现的与连续统假设相等同或相关的命题。然而，尽管有所有

131

这些持续不断的"艰辛的努力",连续统假设是否为真仍然不能判定。

　　哥德尔开始相信,对于能够充当数学基础的现有形式系统而言,连续统假设是不可判定的。这样的系统不仅包括罗素和怀特海的 PM,而且也包括建立在集合论公理的基础之上的系统。但他只能部分地证明他的信念是合理的:1937年,他看出了如何证明连续统假设在这些系统中是不可能被否证的。[36] 虽然他确信连续统假设同样也不可能在这些系统中得到证明,但他从未能够证明这一点。(四分之一个世纪以后,哥德尔被证明是正确的,保罗·科恩发展出了强有力的新方法,并借此证明了连续统假设在所讨论的系统中确实是不可判定的。)

　　希尔伯特在1900年的巴黎演讲中,以及1930年的柯尼斯堡退休演讲中,都宣布了他对于任何一个数学问题的可解性的信念。但数学家们一直无法解决康托尔的连续统问题,这是否意味着希尔伯特错了?哥德尔已发现涉及自然数的不可判定命题在所讨论的形式系统内部是不可判定的,但正如我们已经看到的那样,从外部来看,它们显然是真的。不过连续统假设就不同了:哥德尔的工作没有暗示它到底是真是假。直到这时,哥德尔都未受狭隘的基础观点的阻碍,他能够运用任何所需要的数学方法开路前行。但是现在,他的结果强迫他停下来去思考他的工作的哲学含义。

　　数学家们通常处理的单个的实数,比如 π 和 $\sqrt{2}$,可以在像 PM 这样的形式系统中被定义。但人们在康托尔的时代就已经很清楚,在这样的系统中,由所有能被定义的数所组成的集合的基数是 $\aleph_0$,而由全部实数所组成的集合的基数是 C。我们知道后者更大。因此,大多数实数没有定义：它们是不可判定的。这是很奇怪的，你如何能够数出那些你不能定义的东西？谈论一个其中有许多数字不可定义的实数集，这有意义吗？也许连续统假设的不可判定性（哥德尔做此猜想，后来保罗·科恩给出了证明）告诉我们，它并没有一个清楚的意义，它本来就是含糊不清的。解决这个问题，就是顽强地面对实无限在数学中扮演着什么角色的问题。弗雷格曾经断言这个问题将导致一场"关系重大的、决定性的斗争"。[37]

　　当哥德尔得到了关于连续统假设的研究结果后不久，他就此做了一些演讲。从演讲的手稿中可以看出，他的态度是模棱两可的。他暗示连续统假设很可能是"绝对不可判定的"，这说明希尔伯特相信任何一个数学问题都可以被解决是错误的。到了20世纪40年代的早期，哥德尔转向了哲学研究，毫无疑问，这在一定程度上有助于他思考自己对无穷集合的看法。他尤其对莱布尼茨情有独钟，这位古典哲学家对他最有亲和力。

　　高等研究院的成员没有做演讲、指导学生和发表文章的义务，在这种宽松的环境下，哥德尔只有在收到非常特殊的邀请时才会做演讲或是发表文章。发出这样的邀请的主要是《在世哲学家文库》（*Library of Living Philosophers*）。它是一个丛书系列，每一本只写一位在世的哲学家。每一卷都是由对该哲学家思想的评论文章所组成，而哲学家本人的回答也附在后面。哥德尔应邀评论了伯特兰·罗素、阿尔伯特·爱因斯坦和鲁道夫·卡尔纳普。罗素卷在1944年出版，其中有一篇哥德尔写的相当惊人的文章。在对罗素的数理逻辑做了深刻的讨论之后，哥德尔宣称：集合与概念可以被"认为是真实的对象 …… 它们独立于我们的定义和构造而存在……假定这样的对象与假定物理对象具有同样的合法性，我们有相当多的理由相信它们存在"。这说得多含糊呀！3年后，哥德尔应邀写了一篇解释连续统假设的文章。他在文中重申了他对集合真实存在的信念，强调了现存的形式系统必定是不完备的和能够扩展的，并且预测人们将会找到新的公理，从而通过证明连续统假设是错的来最终解决连续统假设的问题。[38]

在哥德尔研究连续统假设之前，他在与哲学问题打交道时，往往忽略了那些会妨碍他看到对他来说是一清二楚的东西的其他哲学问题。但是现在，他已经深深地沉浸在了哲学之中。数究竟是什么？它们仅仅是人类的构造，还是有着某种客观的存在性？在地球上的人们断定2 + 2 = 4之前，它是真的吗？这些问题已经被人们争论了许多个世纪。有一种学说认为，抽象的对象（比如数和数的集合）是客观存在的，人们只能发现而不是发明它们的属性。这种学说通常被归之于柏拉图，因此也被称为柏拉图主义。哥德尔坚持这种学说，标志着他的观点发生了明确转向。1933年，他在马萨诸塞州的剑桥做了一次演讲，那时他还宣称柏拉图主义不可能"让任何批判性的心灵感到满意"。[39]在20世纪的最后几十年里，集合论的研究者们一直在按照哥德尔的指令来寻求新的公理，但是尽管有许多有趣的工作，连续统假设仍然没能得到解决。

在哥德尔为罗素卷所写的文章中，最令人惊讶的一段话涉及莱布尼茨关于一种普遍文字的心爱的计划。在莱布尼茨去世2个世纪之后，哥德尔也希望这样一种语言能够被发展出来，它将使数学实践发生革命：

没有必要放弃希望。如果我们相信莱布尼茨所说的，他已经在相当程度上发展了这种推理演算，但要等到种子落在肥沃的土地上时才会公布它，那么他关于普遍文字的文章就并非是在讨论一个乌托邦式的计划。他甚至还估计了几位优秀的科学家发展出他的这种演算所需要的时间，那时"人类将会拥有一种新的工具，它对理性力量的增强将远远超过任何光学工具对视觉力量的增强。"他认为这段时间是5年，并且宣称学习他的方法并不比学习他那个时代的数学或哲学更为困难。[40]

我们已经看到，与布尔和弗雷格后来的成果相比，莱布尼茨通过一种推理演算所产生的东西是微不足道的，尽管这在他那个时代是令人惊异的。那么，哥德尔在想些什么呢？唉，他似乎相信有一个阴谋抑制住了莱布尼茨的思想。哥德尔在许多方面都有着非常古怪的信念，事实上，他至少是有一点妄想狂的症状。然而，他在逻辑学家中的威望是如此之高，以至于逻辑学家很难轻易摒弃他的任何想法。（我们在后面会更多地谈到哥德尔的精神问题。）

当哥德尔应《在世哲学家文库》之邀写作关于爱因斯坦的文章时，他选择爱因斯坦的相对论与康德哲学之间的关系作为文章的主题。他发现广义相对论（爱因斯坦的引力理论）的方程有一个解与物理学家们曾经设想过的非常不同。引人注目的是，哥德尔所找到的方程的解表示这样一个宇宙，只要时间足够长，速度足够快，在该宇宙中的旅行就可以回到过去。很自然地，这样一个世界容易受到时间旅行悖论的攻击，科幻小说的读者对此是很熟悉的：例如，一个人能够回到过去杀死他童年时的祖父母吗？针对这个难题，哥德尔提出了一种令人惊讶的非哲学的解答。他指出，由于做此种旅行所需要的燃料数量巨大，所以这样一种旅行是不切实际的。

　　在发表文章以前，哥德尔通常要一遍又一遍地细心审订，直至令自己完全满意为止。即使在发表之后，他也会利用重印的机会进行进一步的修订。眼瞅着截稿日期一拖再拖，他的编辑们常常因此而感到灰心丧气。哥德尔曾经许诺为《在世哲学家文库》写一篇关于鲁道夫·卡尔纳普的文章，最后出版的卡尔纳普卷并没有收入他的这篇文章。然而，人们在哥德尔的论文中发现了六篇他特意为批判卡尔纳普关于逻辑和数学的观点而写的文章。后来，他的《文集》的编辑决定发表其中的两篇。在他的论文中，人们还发现了他在1951年圣诞节期间在罗得岛的普罗维登斯所做的一个讲演的草稿（里面有各种插入语、删掉的部分和脚注）。[1]讲演的题目是"关于数学基础的一些基本定理及其蕴含"。在这个讲演中，哥德尔实际上是把希尔伯特关于任何一个数学问题的可解性的宣言放在了人的心灵本性的背景之下。哥德尔提出了这样一个问题，即人的心灵从本质上讲是否等同于一台计算机。直到现在，当人们谈到人工智能的前景时，仍要对这个问题进行激烈的争论。哥德尔本人并没有给出这个问题的答案（尽管人们后来知道，哥德尔相信正确的答案是否定的），他只是说任何一个答案都是"与唯物论哲学截然对立的"。假如人的心灵的全部能力都能被一台有限的机械装置模仿出来，那么哥德尔本人的不完备性定理就可以被用来说明，某个关于自然数的命题虽然是真的，却不能被人类证明，它是

1. 这是应美国数学会之邀所做的具有很高声望的吉布斯年度演讲。我非常幸运地听了那次演讲，它对我关于数学基础的看法产生了深刻的影响。

一个绝对不可判定的命题。这显然与希尔伯特的宣言相矛盾。但是按照哥德尔的说法，它也需要一些唯心论哲学的手段，为的是让一个假定自然数（其属性超出了人类心灵所能探知的程度）客观存在的陈述有意义。而另一方面，哥德尔推理说，如果人的心灵不能被还原为机械装置，而物理的大脑却可以被如此还原（他认为这是显然的），那么就说明心灵超越了物理实在，这同样与唯物论不相容。与其说这则论证完全令人信服，不如说它是把理论逻辑、人类生理学、计算机的最终潜力以及基础哲学放在一起加以考虑。哥德尔再次展示了他那令人惊叹的独辟蹊径思考问题的能力。[41]

一个奇特的人和一个悲哀的结局

当库尔特·哥德尔接近退休年龄时，他希望当时正在耶鲁大学执教的逻辑学家亚伯拉罕·鲁宾逊能够接任他在普林斯顿高等研究院的职位。但这还没来得及成为现实，鲁宾逊经诊断患上了不宜动手术的胰腺癌，没过多久就去世了。在他去世前的最后几个月里，鲁宾逊收到了哥德尔这样的一封信：

> 考虑到去年（此时鲁宾逊在普林斯顿高等研究院待了一段时间）在我们的讨论中我所说的话，你能想象我对于你的病感到多么遗憾，这不仅是我个人的看法，而且也是逻辑学和高等研究院的遗憾。
>
> 如你所知，我对于许多事情都有着非正统的看法。其中有两点在这里适用：
>
> 1. 我不相信任何医学诊断是百分之百确定的。

2．在我看来，说我们的自我是由蛋白质分子构成的，这是人们所做过的最可笑的论断之一。

我希望你至少同意第二个观点。我很高兴地听说，尽管你病了，但你还是能够在数学系里度过一段时光。我相信这将给你带来一些愉快的消遣。[42]

这封信具有典型的哥德尔风格。他所说的自己不相信医学诊断当然是一种保守的说法。当他因前列腺肥大导致输尿管阻塞而痛苦不堪时，他不仅拒绝接受诊断，而且还坚持说，只要加大他轻泻剂的剂量，他的问题就可解决。那时，他对于轻泻剂已经是相当依赖了。他曾愤怒地拔出插在他体内的导尿管。由于拒绝进行通常能够缓解这种病症的手术，他最终接受了导尿管，并且一直使用到去世。他试图通过间接地谈论自己关于心灵不只是蛋白质分子的信念而去安抚鲁宾逊。显然，137 这暗示了人是有来生的。这是哥德尔的另一种典型风格。

在哥德尔的非正统观点与彻底的妄想症之间的界限并不总是清楚的。当摩根斯滕发现哥德尔极为严肃地看待幽灵时，他记录了自己当时的惊讶。更为离奇的是，哥德尔确信在他普林斯顿的公寓里，冰箱和电暖炉正在释放有毒气体，为此他和阿黛勒搬了好几次家。最终，他径直搬走了那些讨厌的家用电器，于是他的公寓成了"一个在冬天很不舒服的地方"。

当哥德尔试图成为一个美国公民时，他以一种典型的哥德尔风格为他在法官那儿的面试做准备。通常，法官都是马马虎虎地检查一下当事人关于美国宪法的知识，但哥德尔却对美国宪法做了那种只有他才会做出的细致分析，而且当他得出结论说美国宪法确实是不一致的时候，他变得异常激动。摩根斯滕和爱因斯坦是哥德尔的入籍证人，当他们三人开车去新泽西州首府特伦顿办理手续时，他们试着不让哥德尔去想他的发现，因为他们害怕哥德尔在面试时谈起它会给入籍带来麻烦。爱因斯坦讲了一个又一个的笑话，但是当法官问哥德尔是否认为美国会出现像德国那样的一个独裁政府时，哥德尔便开始解释他的发现。幸运的是，法官很快就知道了他在与一个什么样的人打交道，所以他打断了哥德尔的讲话。这样，最终还是皆大欢喜了。

任何人听了这些关于哥德尔古怪之处的逸事，都可能忍俊不禁。但并不是所有的逸事都是那么有趣的。哥德尔后来陷入了一种怀疑食物安全性的妄想症之中，他深爱的妻子也因为病重而不能给他太多的帮助，此时他竟绝食而死。就这样，1978年1月14日，20世纪最伟大的思想家之一离我们而去了。

第 7 章
139 **图灵构想通用计算机**

　　早在1834年，查尔斯·巴贝奇就构想出了一种自动的计算机器，这就是他虽然提出但从未制造出来的分析机，旨在完成各种数值计算。[1]为了强调他的机器的威力和应用范围，巴贝奇开玩笑说："除了编乡村舞蹈，它可以做任何事情。"[1] 尽管在巴贝奇看来，为了计算的目的而设计出来的机器显然是不可能编舞的，但我们今天却认为实现这些完全没有问题。事实上，今天的计算机完全可以通过程序设计而编出乡村舞蹈（尽管质量可能不是最高的）。今天，如果我们想用一个类似的比喻来强调计算机的威力和应用范围，那么我们就会发现，写出这个句子并不容易。几乎任何可以设想的包含符号、数字或文本的任务都者已经处于计算机的能力范围之内，或者某位专家预言不久140 就可以做到。显然，我们关于计算的概念已经发生了天翻地覆的变化。1935年，阿兰·图灵在解决大卫·希尔伯特所提出的一个数理逻辑问题的过程中，提出了基本的概念。

　　巴贝奇原本打算完全用类似齿轮这样的机械部件制造出他的机

---

1. 1791年12月，查尔斯·巴贝奇出生于伦敦。他是一个颇有成就的数学家，他所在的群体试图把大陆数学思想传播到英国的大学中。他曾对机器运算产生了浓厚的兴趣，并且设想出一种机器——"差分机"，旨在有效地构造数学表。不久，巴贝奇突发灵感，构想出他那更为野心勃勃的分析机。1871年，未能完成这项计划的他满怀着痛苦和失望离开了人世。

器，毫不奇怪，由于这个装置的复杂性，他没有成功。只是到了20世纪30年代，随着使用电子继电器的机电计算器的发展，应用范围达到了巴贝奇所设想的程度的机器才得以制造出来。但是在30至40年代，没有一个参与这项工作的人曾经谈起过能够超越于数学演算的机器。正如我们将会看到的，第一个使巴贝奇的成为现实的人是霍华德·艾肯。他写道：

> 如果，一台为了微分方程数值解而设计的机器与百货商店里的一台用来开账单的机器的基本逻辑是一致的，那么我将把这看成我所遇到过的最令人惊异的一致。[2]

艾肯是在1956年说这段话的，那时计算机通过编程来实现这两项任务在商业上已经是可能的了。如果艾肯认识到阿兰·图灵20年前所发表的论文的重要性，他就不会做出如此可笑的论断了。

帝国的孩子

阿兰·图灵的父亲尤利乌斯·图灵是一个在印度工作的有突出业绩的公务员。1907年春，在工作了10年之后，他准备回到英国去。当驶往故乡的船通过太平洋时，他遇上了阿兰的母亲埃塞尔·萨拉·斯通尼。埃塞尔·萨拉出生于马德拉斯，她在爱尔兰长大，在巴黎也待过一段时间，那时已经回过印度。在归途中，两人堕入了情网，他们最终一起去了美国的黄石公园旅行。经她父亲同意，他们在返回印度的那年秋天在都柏林结婚。阿兰的哥哥约翰出生于1908年9月。尤利乌斯的工作使得他需要经常在印度南部旅行，埃塞尔·萨拉和这个婴

（阿兰·图灵；蒙伦敦国立肖像陈列馆惠允）

儿总是陪伴在他的身旁。1911年秋，埃塞尔·萨拉在旅行途中怀上了阿兰，在尤利乌斯设法又一次被获准离开之后，他们一同乘船到了英国。阿兰·图灵于1912年6月23日出生于伦敦。[3]

对于图灵的家庭来说，帝国的无情现实使生活变得十分艰难。父亲在印度工作，在那里热带病特别容易感染年幼的孩子，而且他们也接受不到适当的教育。母亲或者是和丈夫在一起，或者是和孩子们在一起；只有当父亲休假时，她才可以与所有人团聚。当阿兰15个月大的时候，他的母亲把他和4岁大的哥哥留在了英国，让他们住在一个退伍上校家里，自己则回到了印度。图灵太太在1915年与孩子们一起待了几个月，1916年春，父母都回到了家，但这时德国潜艇成了另一个潜藏着的危险，于是当丈夫返回印度时，图灵太太留在了英国。事实上，正是由于严酷的战争，母亲才得以陪伴在阿兰的身旁。他是一个早熟的快乐的孩子，很乐意交朋友，同时也是一个做事笨手笨脚的邋遢孩子。虽然许多6岁的孩子都离开家住在学校里，但阿兰的母亲一直让他与自己待在一起，并把他送到一所当地的日间学校去学习正规教育所不可或缺的拉丁语，发刮嚓声的钢笔，漏水的自来水笔以及阿兰非常潦草的笔迹使得这些课程对于阿兰来说一点都不轻松。

1919年，当母亲再次到印度去的时候，7岁的阿兰又回到了上校的家。时隔不到2年，当图灵太太回来时，她发现她的孩子并没有茁壮成长。她离开时的那个快乐的小男孩消失了踪影，她所看到的是一个不合群的、性格内向的孩子，他的基础教育已经被严重地忽视了。在尽可能地做了努力之后，她把阿兰送到了他哥哥约翰所在的寄宿学

143   校。兄弟俩只在一起待了几个月，约翰就去读一所公立学校了。[1]于是，
当暑假过后父母离开时，阿兰只得独自过寄宿生活。他可怜地追着父
母远去的汽车，以此来表达自己对前景的感受。

　　到了14岁时，阿兰·图灵开始住在舍波恩（Sherborne）公立学校，
他对科学和数学的激情已经被点燃。他发现自己所处的环境特别重
视竞技体育，而对数学特别的轻视。他的一位老师曾认为科学是"低
等的和狡猾的"，并说数学在屋子里散发出一种难闻的味道。[4] 阿兰
的数学天赋虽然得到了认可，却并没有受到重视，他的父母被警告说，
他有可能只会成为一个科学专家。最重要的是，他的作业污迹斑斑，
字体几乎无法辨认。与此同时，阿兰与其他孩子并不怎么交往，他对
所上课程毫不关心（但考试却考得很好），自己做着零碎的数学研究，
还学习了爱因斯坦的相对论。

　　当阿兰遇到他的朋友克里斯托弗·毛肯时，他的生活发生了改变。克
里斯托弗和阿兰都喜欢科学和数学，但与阿兰不同，克里斯托弗是一个勤
奋的学生，他认真听所有课程，作业也写得极为整洁。阿兰对克里斯托弗的
羡慕无以复加，并决心向他学习。不知是在什么时候，阿兰·图灵知道了自
己的同性恋倾向，但可以很自然地猜测，至少对于阿兰来说，他与毛肯的友
谊带有性的色彩。图灵的传记作者把阿兰的情感称之为"初恋"，其强烈程
度也确实是够了。如果不是因为悲剧发生，没有人会知道这种关系会如何
144 发展，阿兰的感情会怎样调整。阿兰不知道，他的朋友一直患着结核病。他
死于1930年2月，作为一个完美的符号永远铭刻在了图灵的心中。[5]

---

1. 正如大多数读者可能意识到的，英国的公立学校实际上是精英的私立机构。上一所公立学校在
一个孩子通往成功的中产阶级职业的过程中是重要的一步。

　　在舍波恩的最后1年，图灵的学习变得非常优秀，他得到了剑桥大学国王学院的一份奖学金。除了提供食宿，每年他还可获得80英镑的津贴，当时差不多抵得上一个熟练的工人年薪的一半。[6] 虽然数学在舍波恩的名声不佳，但在剑桥大学，图灵感到这里的氛围可以使他的数学天才充分施展出来。G. H. 哈代（1877 — 1947）是剑桥的大数学家，他于1908年出版的《纯粹数学教程》（*Course of Pure Mathematics*）已经成了一本经典教科书，一代又一代的青年数学家从中掌握了极限过程的基本性质。（现在仍然在销售）有一个关于来自马德拉斯的自学成才的邮政职员拉马努金的公众电视节目（1988年首播）对哈代进行了描绘，节目中说，哈代使拉马努金的数学天才大放异彩。

　　图灵可以上哈代以及数学物理学家和天文学家阿瑟·爱丁顿爵士的课。1919年，爱丁顿曾带领远征队抵达西非，那里的日全食使得对光线经过太阳附近时的行为进行观测成为可能，于是第一次证实了爱因斯坦在其广义相对论中关于太阳引力使光线偏折的预言。爱丁顿在课上提出了这样一个问题，为什么如此众多的统计观测似乎都沿着著名的钟形正态分布曲线排列。他的课还涵盖了使物理学发生革命的当时非常新的量子理论。但是在这个领域，真正引起图灵注意的是一本新近出版的约翰·冯·诺依曼写的书，这本论述量子力学的数学基础的书是阿兰在舍波恩获的奖。

　　爱丁顿在课堂上强调的无所不在的钟形正态分布曲线使图灵入了迷，他试图找到其背后的数学解释。他证明了大量统计分布的确在极限情况下趋向于正态分布，这是对微积分极限过程的一次出色运用。阿兰·图灵并不知道，他的发现早已作为中心极限定理而广为人知了。[145]

不过，他的成就给人留下了深刻的印象，这使他得到了一个研究员职位。现在，图灵成了剑桥大学的一个指导教师，年薪300英镑，任期为3年，而且几乎可以肯定能够再任3年。研究员的薪金不必与任何义务挂钩，现在图灵用餐时可以坐在"贵宾席"居高临下地面对本科生了。如果愿意，他还可以通过辅导本科生挣一些外快。这一任命把图灵引向了一条通常被认为通往学术生涯的道路。[1]在舍波恩，当人们欢庆他们培养出来的这个孩子的成功时，所谓数学的难闻气味以及不要只成为一个科学专家的警告被忘得一干二净。学生们可以放半天的假，以下无耻的诗句也随之不胫而走：

> 图灵一定打早就在诱骗，
> 为的是能当上一个老师。[7]

没过多久，阿兰·图灵的确用他所掌握的那些全新的数学证明了他的能力，其结果是一篇发表的论文。巧的是，在这篇论文中，他对冯·诺依曼所证明的一条定理进行了改进，它属于一个极其专业的领域——殆周期函数论。图灵现在完全走在一条通往成功的数学研究人员的道路上，他的成就只会让其他专家感兴趣。1935年春，他在剑桥听了一门关于数学基础的课程，接着，一切都改变了。

希尔伯特的判定问题

146

莱布尼茨曾经梦想能够把人的理性还原为演算，并且有强大的机

---

1. 法国、德国和美国的大学任命通常需要博士学位，而第二次世界大战前的英国学术界则很少要求这一点。

器能够执行这些演算。弗雷格第一次给出了一个似乎能够解释人的一切演绎推理的规则系统。哥德尔在1930年的博士论文中曾经证明了弗雷格的规则是完备的，这样就回答了希尔伯特2年前提出的一个问题。希尔伯特也试图找到清楚明白的演算程序，只要用所谓一阶逻辑的符号系统写出的某些前提和所提出的结论给定，那么通过这些程序就总是可以判定，弗雷格的规则是否足以保证该结论能够从这些前提中导出。[8] 寻找这些程序的任务后来被称为希尔伯特的"判定问题"。当然，用于解决特定问题的演算程序系统并不是什么新的东西。事实上，传统数学课程在很大程度上就是由这些或被称为算法的演算程序构成的。我们先是学习数的加减乘除算法，然后又学习对代数表达式进行操作和解方程的算法。如果我们继续学习了微积分，那么我们就学会了使用莱布尼茨最早为这门学科发展出来的算法。然而，希尔伯特所要找的是一种广度前所未有的算法。从原则上讲，解决他的判定问题的算法将把人的一切演绎推理都还原为冷冰冰的演算，它在很大程度上将实现莱布尼茨的梦想。

数学家们经常喜欢从两个方向解决一个困难的问题。一方面，他们试图考虑一般问题的特殊情形，而另一方面则是把一般问题还原为某些特殊情形。如果一切顺利，这两条路将殊途同归，从而为一般问题提供一种解答。关于判定问题的工作就是沿着这两个方向进行的，而且已经找到算法的特殊情形与一般问题被还原成的特殊情形之间的鸿沟已经被大大缩小，以至于再往前走一小步就可望完全填平这个鸿沟了，从而可以给出希尔伯特所要寻求的算法。[9] 剑桥的 G. H. 哈代对此持怀疑态度，他不无气恼地评论道："当然不存在这样的定理，这是非常幸运的，因为它如果存在，那么我们就可以用一套机械的规 147

则来解决一切数学问题，我们数学家的活动也就将寿终正寝了。"[10] 哈代当然不是第一个确信他的技巧永远也不会被机器替代的行家里手，但后来的结果表明，这位行家说对了！

　　比图灵大15岁的剑桥的另一位教师M. H. A. 纽曼也是圣约翰学院的研究员，他将在图灵的职业生涯中一直扮演重要的角色。纽曼已经在拓扑学方面做出了开创性的贡献，当时拓扑学还是一门相对较新的数学分支。粗略地说，拓扑学研究的是几何形体经过任意拉伸（只要没有撕破）而保持不变的性质。纽曼在剑桥开设的拓扑学课程把许多年轻的数学家引入了这个正在迅速成长的领域，他还为此写了一本出色的教科书。当纽曼在波伦亚参加1928年的国际数学家大会时，他听到希尔伯特定下了那些目标。仅仅2年之后，年轻的库尔特·哥德尔就表明它们是站不住脚的。纽曼显然被这些进展吸引住了，他在1935年春季开设了一门关于数学基础的课程，其中最令人感兴趣的部分是哥德尔的不完备性定理。在听这门课的过程中，图灵得知了希尔伯特的判定问题。撇开像哈代那样的怀疑不谈，在哥德尔的工作发表之后，人们很难相信希尔伯特所希望的那样一种算法是存在的。阿兰·图灵开始思考如何能够证明这样的算法是不存在的。

图灵对计算过程的分析

　　图灵知道，一种算法往往是通过一系列规则说明的，人们可以以一种精确的机械方式遵循这些规则，就像按照菜谱做菜一样。但图灵把关注的焦点从这些规则转移到了人在执行它们时实际所做的事情。他能够说明，通过丢掉非本质的细节，人们可以局限在少数几种极为简单的基本操作上，而不会改变最终的计算结果。接下来，图灵要说明这个人可以被一个能够执行这些基本操作的机器所替代。然后，只要证明仅仅执行那些基本操作的机器不可能判定一个给定的结论是否可以用弗雷格的规则从给定的前提中导出，他就能够下结论说，判定问题的算法是不存在的。作为副产品，他发现了通用计算机器的一个数学模型。[148]

　　为了尽可能地弄清楚图灵的思考过程，让我们想象自己正在观察一个计算过程。正在做计算的人实际上在做什么呢？她（因为20世纪30年代似乎做这些工作的都是女性）正在一张纸上做记号。[1]我们会看到，她正在把注意力从以前写的东西转移到当前正在写的东西。图灵试图把不相干的细节从这种描述中去除。她在工作时是否在喝咖啡？这当然是不相干的。她是用铅笔还是用钢笔写字？这也无关紧要。那么，纸张的大小如何？如果纸张较小，那么她就很可能需要经常看看前面那些纸。但图灵确信，这只关乎方便而绝非必需。即使她所用的纸张小到无法在一个符号下面写下另一个符号，或者说，即使她用的是一卷被分成水平方格的纸带，情况也不会发生任何本质的变化。为简便起见，我们设想她正在计算一个乘法：

$$
\begin{array}{r}
4\,2\,3\,1 \\
\times 7\,7 \\
\hline
2\,9\,6\,1\,7 \\
2\,9\,6\,1\,7\,0 \\
\hline
3\,2\,5\,7\,8\,7
\end{array}
$$

1.事实上，这时"计算机"一词的意思是：一个以计算为工作的人（通常是女性）。

149 我们可以想象她正沿着一个被划分成方格的纸带进行工作, 这不会丢
失任何本质性的东西, 比如

| 4 | 2 | 3 | 1 | × | 7 | 7 | = | 2 | 9 | 6 | 1 | 7 | + | 2 | 9 | 6 | 1 | 7 | 0 | = | 3 | 2 | 5 | 7 | 8 | 7 |

图灵确信, 虽然沿着这样一个一维纸带进行一个复杂的演算也许是
很麻烦的, 但这样做并不会导致什么基本问题。我们继续来观察计算
过程, 现在把注意力集中在一卷纸带: 我们的目光沿着纸带前后移动,
写下符号, 有时还会返回去擦除符号并在原处写下新的符号。她关于
下一步要写什么的决定将不仅取决于她正在注意的符号, 而且还取决
于她当前的心灵状态。即使是在我们这个简单乘法的例子中, 当她注
意到一对对的数字时, 她的心灵状态将决定是把它们相加还是相乘。
开始时, 纸带看起来是这样的:

$$\Downarrow \qquad \Downarrow$$

| 4 | 2 | 3 | 1 | × | 7 | 7 | = |

数字1和7上方的箭头 ($\Downarrow$) 表示她最初注意的是这些符号。她在纸带
上写下它们的乘积7:

$$\Downarrow \qquad \Downarrow$$

| 4 | 2 | 3 | 1 | × | 7 | 7 | = | 7 |

现在她把注意力转向数字3和7, 接下来轮到它们相乘了。像这样把
一对对的数字相乘之后, 她需要把得到的两部分乘积加起来:

$$\Downarrow \qquad \Downarrow$$

| 4 | 2 | 3 | 1 | × | 7 | 7 | = | 2 | 9 | 6 | 1 | 7 | + | 2 | 9 | 6 | 1 | 7 | 0 | = |

她先把数字7和0加起来，得到

现在她必须把数字1和7加起来得到8。注意，这时她所注意到的数字与她开始演算时进行相乘的数字是相同的。然而尽管数字是相同的，但她的心灵状态却不一样，这使她去做加法而不是乘法。

这个简单的例子已经说明了任何计算所具有的本质特征。每一个进行算术、代数、微积分或任何一个数学分支中的计算的人的操作都要受到以下限制：

·在计算的每一个阶段，只有少数符号受到了注意。

·每一个阶段所采取的行动仅仅取决于受到注意的那些符号以及计算者当前的心灵状态。

一个人可以同时处理多少符号？正确地进行一项计算需要多少人？第一个问题的答案当然是因人而异的，但无论如何不可能很多。而对于第二个问题，答案是一个人。这是因为，同时注意几个符号总是可以通过每次注意一个符号来实现。[11] 而且，把注意力从纸带上的一个方格转到一定距离以外的另一个方格总是可以通过一系列移动来实现，其中每一次移动或者是左移一个方格，或者是右移一个方格。由这一分析可以推出，任何计算都可以被看作是以下面的方式进行的：

·计算通过在一条被划分成方格的纸带上写下符号来执行。

·执行计算的人在每一步都只注意其中一个方格中的符号。

·她的下一步将仅仅取决于这个符号和她的心灵状态。

·她的下一步是这样的：她在当前注意的方格里写下一个符号，然后把注意力转向它左边或右边的相邻方格。

现在就很容易看出，做这项工作的人可以用一个机器来替代，纸带（可以看成带有用编码信息来表示的符号的磁带）在机器中来回移动。计算者的心灵状态用机器内部的不同配置来表示。机器的设计必须使得每一时刻纸带上只有一个符号被感知，这个符号被称为被注视符号。根据其内部配置和被注视符号，机器将在纸带上写下一个符号（取代被注视符号），然后或者继续注视同一个方格，或者转到纸带上与之相邻的左边或右边的位置。就计算的目的而言，机器如何制造或者由什么来制造，这都无关紧要，重要的只是它能够具有不同的配置（也被称作状态），当它处于每一种的配置或状态时，都可以做恰当的处理。

问题的关键不在于真的造出一台图灵机，它毕竟只是数学的抽象。[1] 关键之处在于，基于图灵对计算概念的分析，我们就有可能得出结论说，通过任何算法程序可计算的任何东西都可以通过一台图

---

1. 图灵当然没有把它们称为图灵机，他当时把它们叫做a-机 ——"a"表示"自动"（automatic）。

灵机来计算。因此，如果我们可以证明某项任务无法用图灵机来完成，[152]那么我们就可以说，没有任何算法程序可以完成这项任务。这就是图灵证明判定问题不存在算法的方法。此外，图灵还说明了如何造出这样一台图灵机，这台图灵机可以独自完成任何图灵机所能做的任何事情——通用计算机的一个数学模型。

运转的图灵机

由图灵对计算过程的分析我们可以看出，任何计算都可以通过一种后来被称为图灵机的受到严格限定的装置来实现。我们可以考察几个非常简单的例子。演示一台图灵机需要哪些东西呢？首先，我们需要它所有可能的状态。然后，对于每一个状态以及纸带上可能出现的每一个符号，我们必须指明处于那个状态的机器遇到那个符号时会怎样进行操作。我们已经说过，这个操作仅仅包括被注视方格中符号的可能改变、向左或向右移动一个方格以及状态的一种可能变化。如果我们用大写字母来表示不同的机器状态，那么陈述：

> 当机器正处于状态R，注视纸带上的符号a时，它将用
> b来代替a，向右移动一个方格，然后转到状态S。

就可以用公式表达为 Ra：b→S。类似地，同样条件下向左移动一个方格可以表示为 Ra：b←S。最后，只改变纸带上的符号而不沿纸带运动可以表示为 Ra：b*S。我们通常把这些公式称为"五元组"，因为其中的每一个都要用到5个符号（不包括冒号）。于是任何一台图灵机都可以通过一系列这样的五元组来表示。

让我们看看如何造出一台能够检验一个给定的自然数是奇数还是偶数的图灵机。所指定的数将用我们所熟悉的记法，记作由1，2，3，4，5，6，7，8，9，0所组成的一串数字。当然，（以这种方式写出的）一个数是奇是偶一眼就能看出。只要看看最右边的数字，如果它是1，3，5，7或9，那么这个数就是奇数，否则就是偶数。但是我们所使用的装备将从注视最*左*边的数字开始。由于图灵机每次只能处理一个数字，而且每次只能移动一个方格，所以如何进行处理并不是显而易见的。写在纸带上的"输入的"数就像这样：

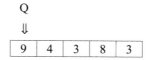

这里纸带上写的是数字94383，机器处于它初始的状态Q上，此时正在注视最左边的方格。虽然纸带只显示了5个方格（刚好足够容纳输入的数），但对于一项计算来说，很重要的一点就是纸带的方格数量没有限制。因此，如果机器试图从纸带的最右端移出去，那么一个空白的方格总会出现。我们把空白方格当作一个特殊字符来处理，记作□。

我们的图灵机将总是从注视最左端方格的状态Q开始。无论什么数输入机器，最后的结果都是一条除一个方格外其余都是空白的纸带。如果最初输入的数是偶数，那么那个方格中将是0；如果最初输入的数是奇数，那么那个方格中将是1。这台机器将具有4个状态，分别用Q，E，O和F来表示。我们已经说过，Q是初始状态。无论机器处于什么状态，如果它注视的是一个偶数，那么它将擦除这个数字（即在它上面印上一个空格），向右移动一格，然后终止于状态E。类似地，如果它注视的是一个奇数，那么它将擦除这个数字，向右移动一格，然后终止于状态O。最终，它将注视并擦除整个输入，得到一个空格。如果它终止于状态E，那么它将印上一个0；如果它终止于状态O，则将印上一个1。然后，它将向左移动一格停止下来。下面是组成这个机器的五元组：

Q0：□→E	Q2：□→E	Q4：□→E	Q6：□→E	Q8：□→E
Q1：□→O	Q3：□→O	Q5：□→O	Q7：□→O	Q9：□→O
E0：□→E	E2：□→E	E4：□→E	E6：□→E	E8：□→E
E1：□→O	E3：□→O	E5：□→O	E7：□→O	E9：□→O
O0：□→E	O2：□→E	O4：□→E	O6：□→E	O8：□→E
O1：□→O	O3：□→O	O5：□→O	O7：□→O	O9：□→O
E□：0*F	O□：1*F			

154

输入为94383的全部计算显示了机器的详细操作：

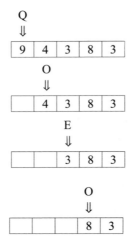

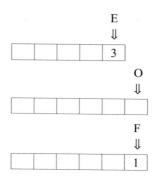

　　　机器从注视数字9的状态Q开始，相应的五元组位于表中的第二行、最后一列。这一五元组使机器擦除了9，向右移动一个位置，进入状态O。在注视4的状态O中，相应的五元组位于表中的第五行、第三列。相应地，机器擦除4，向右移动，进入状态E。接着，在注视3的状态E中，相应的五元组位于表中的第四行、第二列，机器擦除3，继续向右移动，进入状态O。在注视8的状态O中，相应的五元组位于表中的第五行、最后一列，机器擦除8，向右移动，进入状态E。状态E又一次注视3，相应的五元组位于表中的第四行、第二列，机器擦除3，继续向右移动，进入状态O。在状态O中，机器注视的是一个空格，相应的五元组位于表中的最后一行、第二列，空格被1替换，机器处于原位不动，进入状态F。在状态F中，机器注视的是一个空格，此时没有五元组可用了，于是机器停止。计算的结果是纸带上只留有一个数字1，这是正确的，因为输入的数是奇数。

　　　与物理装置不同，图灵机仅仅作为数学抽象而存在，所以可以不必受纸带的量的限制。当由一个五元组Q □ : □→Q所组成的图灵机从一条空白的纸带开始时，它将随着纸带的量的持续增长而"永远"

向右移动：

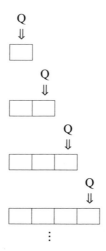

图灵机的计算可以永远持续下去，即使它所用的纸带的方格数是固定 [156] 的。例如，考虑由Ｑ１：１→Ｑ和Ｑ２：２←Ｑ这两个五元组所组成的图灵机。如果输入为１２，那么这台机器将像下面这样来回跳动：

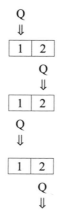

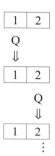

¹⁵⁷ 这种行为严格依赖于输入。例如，如果输入是 13，那么同一台机器的计算将是下面这样：

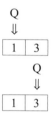

在注视 3 的状态 Q 中，没有五元组可以应用，于是机器停止。

　　总之，某些输入会使有些图灵机停止下来，另一些则不会。图灵把康托尔的对角线方法应用于这种情况，得到了图灵机所不能解决的问题，由此便推出了判定问题的不可解性。

图灵应用康托尔的对角线方法

　　马科斯·纽曼的课使阿兰·图灵注意到了判定问题，它最令人感兴趣的部分是哥德尔的不完备定理。所以正在思考用一系列五元组来表示他的机器的图灵就很自然地想到了用自然数来做机器的代码，并且可以使用康托尔的对角线方法。我们将遵循图灵的思路，设置一种与他所使用的代码相似但不尽相同的代码。

为了设置我们的编码方案，我们考虑彼此由分号隔开的五元组系列来建立图灵机。于是由一对五元组：

$$Q\,1:1\rightarrow Q \qquad Q\,2:2\leftarrow Q$$

所组成的图灵机可以记作 Q1:1→Q；Q2:2←Q。然后我们根据下述方案用一串十进制数来替换每一个符号：

·开始和结尾都为8，其间只有0、1、2、3、4、5的字串将被用来表示纸带上的符号。下表给出了我们用来表示十进制数字和□（作为 [158] 纸带上的符号）以及五个符号 → ← * :；的特殊表示：

符号	表示	符号	表示
0	8008	□	8558
1	8018	→	616
2	8028	←	626
3	8038	*	636
4	8048	:	646
5	8058	;	77
6	8518		
7	8528		
8	8538		
9	8548		

·开始和结尾都为9，其间只有0、1、2、3、4、5的字串将被用来表示状态。特别地，开始的状态Q将用字串99来表示。

于是，刚才所说的两个五元组的图灵机将用998018 646 8018 616 99 77 998028 646 8028 626 99来编码。对于我们用来区分奇数和偶数的图灵机来说，我们可以分别用919、929和939来编码E、O、F这三个状态。这样，整个机器的码数就成为：

998008646855861 6919 77 998028646855861 6919 77 998048646855861 6919 77

998518646855861 6919 77 998538646855861 6919 77 998018646855861 6929 77

998038646855861 6929 77 998058646855861 6929 77 998528646855861 6929 77

998548646855861 6929 77 91980086468558616919 77 91980286468558616919 77

91980486468558616919 77 91985186468558616919 77 91985386468558616919 77

91980186468558616929 77 91980386468558616929 77 91980586468558616929 77

91985286468558616929 77 91985486468558616929 77 92980086468558616919 77

92980286468558616919 77 92980486468558616919 77 92985186468558616919 77

92985386468558616919 77 92980186468558616929 77 92980386468558616929 77

92980586468558616929 77 92985286468558616929 77 92985486468558616929 77

91985586468008636939 77 92985586468018636939

尽管这不过是一个大数，但它已经用空格显示了各个五元组的代 ¹⁵⁹
码数。请注意，从这个代码数中恢复五元组是很简单的：首先找到分
隔五元组码数的77这个字串，然后再对每一个五元组进行解码。例
如：92985386468558616919这个码数可以分解成929 8538 646
8558 616 919，它可以被解码为O 8：□→□E。当然，编码可以通过
许多不同的方式来设置，但这一方案拥有一个重要而有用的性质，那
就是明显的可解码性。[1]

从上面的例子可以看出，任何图灵机都可以被认为是从纸带上的
数的最左边的数字开始注视。在这些数中，有些数会使机器最终停止，
而另一些则会使机器永远运行下去。让我们把由前一类自然数所组成
的集合称为特定图灵机的停机集合。现在，如果我们认为一台图灵机
的停机集合组成了一个"包裹"，并认为那台机器的代码数就是这个
包裹的标签，那么我们就具备了应用对角线方法的标准条件：包裹上
的标签就是包裹里的东西——这里是自然数。[2]对角线方法将允许我
们构造出一个与图灵机的任何停机集合都不同的自然数集合，我们

---

1. 注意，这一编码方案允许带子上的符号可以不是十进制数和□，而是像81118这样的符号。这就
使得标记带子上的特定方格的符号可以出现，从而在返回时可以被找到。可以证明，使用这种附
加的符号并不会增强图灵机的计算能力。还可以证明，使用十进制系统与图灵机所能做的事情没
有关系。参见［Dav-Sig-Wey］（列在参考书目中），第113～168页。
2. 对这一点不熟悉的读者，参见第4章"对角线方法"一节。

把它称为 D。方法是这样的：D 将完全由图灵机的代码数组成。对于每一台图灵机来说，它的代码数属于 D，当且仅当它不属于那台机器的停机集合。这样，如果某台图灵机的代码数属于它的停机集合，那么这个代码数就不属于 D；而如果这个代码数不属于机器的停机集合，那么它就属于 D。无论是哪种情况，D 都不可能是这台机器的停机集合。既然每一台图灵机都是如此，我们就可以得出结论说，**集合 D 不是任何图灵机的停机集合**。

160

等等！这里还有一个固执的人不相信这一点。我们听听在这个固执的人（SP）和无所不知的创造者（OA）之间展开的一场对话：

SP：我没有完全听懂这一推理，但无论如何，我知道我可以构造出一台停机集合为 D 的图灵机。这就是它。

OA：那么，你是否可以演算一下你的机器的代码数？

SP：好啊！让我想一想。这个数是 99803864685586192977⋯ 77929852864685586616929（给我们显示出某个巨大的数）。

OA：好的。这个数在你的机器的停机集合当中吗？

SP：等等！我必须把它算完。不，不。它不在我的机器的停机集合当中。

OA：且听我说。如果这个数不在你的机器的停机集合当中，那么根据 D 的定义，这个数就必然在 D 当中。由于这个数在 D 当中，而不在你的机器的停机集合当中，所以这两个集合必定是不同的。

SP：让我检查一下。哦，我明白了，我犯了一个小错误，真傻。这个数其实就在我的机器的停机集合当中。我要为我愚蠢的错误道歉。

OA：别急！根据D的定义方法，如果你的机器的代码
数在它的停机集合当中，那么它就必然不在D当中。因此
这两个集合必定是不同的。

SP：你说的真是很有道理。但如果我同意你已经证明
了你的观点，那么我就不再是一个顽固的人了。

不可解问题

161

自然数集D的定义使它与任何图灵机的停机集合都不同。但这与
判定问题有什么关系呢？它们之所以有关，是因为希尔伯特把这个问
题称为数理逻辑的基本问题。希尔伯特认为，对判定问题的解答将会
为解决所有数学问题提供一种算法。同样的理解也潜藏于哈代的看法
中，他确信判定问题永远也不会有一个解答。只要我们严肃地看待这
一点，便会发现，它隐含着只要有一个数学问题可以被证明在算法上
是不可解的，那么判定问题本身就必定是不可解的。集合D将为我们
提供这样一个例子。

考虑下面这个问题：

找到一种算法，判定一个给定的自然数是否属于集合D。

这就是一个不可解问题的例子。要想弄明白不存在这样的算法，我们
首先要看到，通过图灵对计算过程的分析，如果存在着这样一种算法，
那么就会有一台图灵机能够完成同样的事情。就像我们构造出来的区

分奇偶数的图灵机那样，我们可以想象这样一台处于初始状态 Q 的机器从已知数的最左端数字开始注视，就像这样：

类似地，我们将希望机器最终会停机，除了有一个数字，纸带的其余部分都是空白的：如果输入的数属于集合 D，那么这个数字就是 1，否则就是 0。最后，我们希望它终止于状态 F，并且机器的五元组都不从字母 F 开始。[1] 例如，

162

现在，我们想象把以下两个五元组加到我们的图灵机中：

$$F\ 0: \square \rightarrow F \text{ 和 } F\ \square : \square \rightarrow F$$

如果输入的数属于 D，那么新机器将像以前那样运转，最终将以纸带上的 1 而告终。然而，如果输入的数不属于 D，那么这台机器将永远向右移动。因此，这台新机器的停机集合恰恰就是集合 D。然而这是不可能的，因为 D 是用对角线方法构造出来的，所以它与任何图灵机的

---

1. 应当强调指出，如果真有一种把 D 的成员与非成员区分开来的算法，那么这些输入输出就不成其为问题了。毕竟，把输入的数交给一个人去执行那种形式的算法不会有问题，让她把输出的数以所希望的形式印在带子上也不会有什么问题。

停机集合都不同。因此，我们关于存在着一种区分 D 的成员与非成员的算法的假定必定是错误的。这样的算法不存在！用算法来区分 D 的成员与非成员的问题是无法解决的！

　　正如我们已经看到的，希尔伯特和哈代都相信，对于判定问题的一个算法解将意味着任何数学问题都可以通过一种算法来解决。所以一旦我们有了一个在算法上不可解的数学问题，那么判定问题的不可解性就得到了。为了看出如何与集合 D 发生关系，我们把下面的前提和结论与每一个自然数 n 相联系：

前提

　　n 是某台图灵机的代码数，它被印在机器的纸带上，最左边的数字被注视。

结论

　　以这种方式启动的图灵机最终将停止。

利用一阶逻辑的语言，这两个句子都可以被翻译成逻辑符号。于是可以证明，这个结论可以用弗雷格的规则从前提中导出，当且仅当这台图灵机从它纸带上的代码数开始后将最终停止。相应地，它为真当且仅当 n 不属于 D。因此，如果我们有了一种判定问题的算法，那么我们就可以用它来判定一个数是否是 D 的成员。也就是说，给定一个自然数 n，我们可以用这种判定问题的算法来检验这个结论是否可以从前提中导出。如果可以，那么我们就知道 n 不属于 D，如果不可以，那么 n 就属于 D。由此可知，判定问题在算法上是不可解的。[12]

图灵的通用机

图灵的工作中有一些地方是令人困惑的。他已经证明，没有图灵机可以被用于解决判定问题。然而，为了说明判定问题不存在任何种类的算法，图灵曾诉诸他对人执行一项演算时的过程的讨论。他关于任何这样的计算也可以用一台图灵机来完成的论证是否令人信服呢？为了支持他的论证，图灵证明了许许多多复杂的数学演算都可以在图灵机上完成。[1]不过，他在检验自己的工作的有效性方面所提出的最为大胆的、影响最为深远的思想却是通用机。

考虑被一个空白方格所隔开的写在图灵机纸带上的两个自然数（通常的十进制记法）。第一个数是某台图灵机的代码数，第二个数是这台机器的一个输入：

图灵机 $\mathscr{M}$ 的码数 $\mathscr{M}$ 的输入

现在想象一个人要完成这样一项任务，他要完成把纸带上的第二个数作为输入时，代码数为第一个数的图灵机所要做的事情。这项任务是

---

1. 例如，图灵说明了如何构造出能够产生 0 和 1 的字串以得到实数 e 和 π 的二进制表示的机器。对于标准数学中所出现的其他实数 —— 整系数多项式方程的根甚至是贝塞尔函数的实零点，他也如法炮制。

很简单的。他先得到代码数为纸带上第一个数的机器的五元组，然后只要按照五元组的要求在纸带上进行操作就可以了。图灵的分析已经证明，任何计算任务都可以通过一台图灵机来实现。把这一思想应用到当前的任务中，我们可以设想一台图灵机，它从图灵机$\mathcal{M}$的代码数开始，只要它的输入与$\mathcal{M}$的输入相同，它就可以完成机器$\mathcal{M}$所能做到的事情。一台图灵机单凭自身就可以完成任何图灵机可能做到的任何事情。图灵通过说明一个人如何能够得出这样一台通用机的五元组来检验这个非凡的结论。在现在被称为程序设计的几页文献中，他出色地做到了这一点！[13]

自莱布尼茨的时代起，甚至更早一些时候，人们一直在对演算机器进行思考。在图灵之前，一般的想法是，对于这种机器来说，机器、程序和数据这三种范畴是完全分离的。机器是一种物理对象，今天我们把它称为硬件；程序是做计算的方案，也许体现在穿孔卡片或线路连接板上的缆线连接上；而数据则是数值输入。图灵的通用机表明，这三种范畴的相互分离是一种错觉。图灵机开始被看成是一台拥有机械部件 —— 硬件 —— 的机器。它在通用机纸带上的代码数则有*程序*的功能，它为通用机详细指明了执行适当的计算所需要的指令。最后，通用机在一步步的运转中把机器代码的数字仅仅看成需要进一步处理的*数据*。这三个概念之间的转换对于现在的计算机实践来说是非常基本的。用一种现代的编程语言所写成的程序对于处理它以使其指令能够得到执行的解释程序或汇编程序来说就是数据。事实上，图灵的通用机本身就可以被看成一个解释程序，因为它是通过解释一连串五元组来执行它们所标明的任务的。

图灵的分析为理解古代的计算技术提供了一种独到而深刻的洞见。计算的概念原来远不止算术和代数运算。同时，这种眼光预见到了原则上能够计算任何可计算的东西的通用机。图灵关于专用机器的例子已经成了程序设计的实例；通用机器则特别是解释程序的第一个例子。通用机还为存储程序计算机提供了一个模型，在其中纸带上编了代码的五元组扮演了存储程序的角色，机器在程序和数据之间没有做基本的区分。最后，通用机表明了如何能够把被认为是机器功能描述的五元组形式的硬件，替换成以编码的形式存储在通用机纸带上的以同样的五元组形式表现出来的等价的软件。

在证明判定问题不存在算法解的过程中，图灵没有想到在大西洋的对岸也有人得出了类似的结论。当录有普林斯顿大学的阿隆佐·丘奇[1]的一篇题为"一个不可解的初等数论问题"的文章的《美国数学杂志》（*American Journal of Mathematics*）送到剑桥时，纽曼已经收到了图灵论文的第一稿。在这篇论文中，丘奇说明了在算法上不可解的问题是存在的。他的论文没有提到机器，但他的确点出了两个概念，其中每一个都是为了解释可计算性或丘奇所谓的"能行的可演算性"的直观概念而提出来的。这两个概念分别是丘奇和他的学生斯蒂芬·克林所提出的 λ 可定义性，以及哥德尔（在他1934年春访问普林斯顿高等研究院期间所做的讲演中）所引入的一般递归性。这两个概念已经被证明是等价的，丘奇的不可解问题实际上是相对于其中的某一个概念不可解。尽管丘奇在这篇论文中并没有得出希尔伯特的判定问题

---

1. 阿隆佐·丘奇（1903—1995）在繁荣美国的逻辑学研究方面起到了关键性的作用。他创立了颇有影响力的《符号逻辑杂志》（*Journal of Symbolic Logic*），并且担任它的编辑长达40多年。另一位著名的美国逻辑学家斯蒂芬·克林（1909—1994）是丘奇的31位博士生之一（我也是其中之一）。

本身相对于这些概念都是不可解的结论，但《符号逻辑杂志》1936年的第一期中刊出了丘奇的一个简注，在这个注释中，他的确得出了这个结论。图灵很快就证明了他的可计算性概念与 λ 可定义性是等价的，并且决定到普林斯顿去待一段时间。

虽然图灵的大部分成就都可以说是对美国人所做工作的再发现，但他对计算概念的分析以及他对通用计算机的发现却是全新的。[1]库尔特·哥德尔曾经对丘奇的理论颇有疑虑，正是图灵的分析才最终使他相信它们是正确的。[14]

167

阿兰·图灵在普林斯顿

虽然英国的数学家们通常并不在乎能够获得博士学位，但图灵去普林斯顿大学的最方便的办法就是在那里当一名研究生，这与他的成就真是不相配。他在普林斯顿的2年里完成了一篇著名的博士论文（阿隆佐·丘奇任导师）。由于从系统外部考察时，哥德尔的在一给定系统中的不可判定命题可以被看成为真，所以一个自然的想法就是把这样一个命题作为一个新的公理加到已知系统中，这样就得到了一个新系统，其中不可判定命题不再是不可判定的。当然，应用哥德尔的方法，新系统也会有它本身的不可判定命题。图灵在他的学位论文中一次次地这样做，从而研究了系统的分层结构。

---

1. 刊登丘奇对判定问题不可解性的证明的那一期《符号逻辑杂志》上还刊登了美国逻辑学家E. L. 波斯特所写的一篇短文，这篇文章提出了一个相当接近于图灵的概念（[Davis 1]，第289-291页）。当我在纽约大学城市学院读本科时，波斯特是我的老师。

这篇学位论文所引入的另外一个概念是一种改进了的图灵机，它可以中断它的计算来寻求外部信息。利用这样的机器，谈论两个不可解问题中哪一个"更不可解"就是可能的了。总而言之，这篇论文所引入的思想将会为一系列研究者的工作提供基础。[15]

1936年的时候（一直到20世纪50年代），普林斯顿大学数学系坐落在一座漂亮的红砖建筑范氏大楼（Fine Hall）中。[1]那时，范氏大楼里不仅有普林斯顿大学的数学教师，而且还有新近成立的高等研究院的数学家。从纳粹统治之下逃出来的科学家已经开始大量涌入美国了。20世纪30年代，数学精英齐聚普林斯顿使得哥廷根最终被超越。在范氏大楼的走廊上我们能够见到赫尔曼·外尔、阿尔伯特·爱因斯坦和约翰·冯·诺依曼，后者的兴趣已经偏离希尔伯特关于数学基础的纲领很远了。

在普林斯顿的第一年，剑桥提供给他的奖学金很少，图灵必须想办法应对。当他在剑桥时，奖学金还是相当丰厚的，而且学校还提供食宿。不过在第二年，他觉得自己已经很富裕了，因为他获得了享有盛誉的普罗克特（Proctor）奖学金。在支持他申请这一奖学金的推荐信中有这么一封：

1937年6月1日

先生，

A.M. 图灵先生告诉我，他正在申请1937—1938年度的剑桥赴普林斯顿大学的普罗克特访问奖学金。我很愿

---

1. 普林斯顿大学今天所在的建筑也被称为范氏大楼，从一英里以外的美国一号高速公路上看，它就像一座用水泥浇铸成的塔。

　　意支持他的申请，我认识图灵先生已经有些年头了：我在剑桥做访问教授的1935年的第二个学期，以及图灵先生1936——1937年在普林斯顿逗留期间，我都有机会看到了他的科学工作。他在我所感兴趣的数学分支即殆周期函数论和连续群理论方面工作出色。

　　　　我认为他是普罗克特奖学金的一个非常合格的候选人，如果您发现有可能授予他该奖学金，我将非常高兴。

　　　　　　　　　　　　　　　　约翰·冯·诺依曼敬上。[16]

奇怪的是，既然冯·诺依曼曾经深入研究过希尔伯特关于数学基础的纲领，图灵关于可计算性的工作以及他关于判定问题不可解性的证明竟然没有在这封信中被提及。很难相信冯·诺依曼不知道这一点。我认为其中的关键就在于"我所感兴趣的数学分支"这几个字：作为那个世纪的一个伟大数学家，一个无书不读而且几乎过目不忘的人，在哥德尔证明了他在这个领域的大部分工作都是徒劳无益的之后，冯·诺依曼显然决定不再与逻辑打交道了。他甚至有一句名言说，在哥德尔1931年的工作出来之后，逻辑方面的文章他一篇也不读了。[17]鉴于图灵的工作对冯·诺依曼在第二次世界大战期间和第二次世界大战之后关于计算机的思想所起的作用，这件事是很重要的。

　　冯·诺依曼的朋友兼合作者斯坦尼斯拉夫·乌拉姆给图灵的传记作家安德鲁·霍奇斯所写的一封信提供了一些证据。[1]这封信提到了

---

1. 斯坦尼斯拉夫·乌拉姆（1909——1984）是重要的纯粹及应用数学家，他在许多数学分支上都有贡献，也是冯·诺依曼的好朋友。他有一种想法最终成就了一种推广集合论普通公理的重要方法，它有助于理解哥德尔关于连续统假设的工作。对于乌拉姆最重要的贡献——裂变聚变热核武器的基本设计，并不是每个人都赞同的。

冯·诺依曼提出的一个游戏，这是在 1938 年夏天冯·诺依曼和乌拉姆一起在欧洲旅行期间提出的。这个游戏包括"在一张纸上写下尽可能大的数，并通过与图灵的某种图解有关的方法来定义它"。乌拉姆的信中还说："……冯·诺依曼在 1939 年关于发展形式数学系统的机械方法的谈话中和我多次谈到了图灵。"乌拉姆的信说得很清楚，无论以前的情况怎样，到了 1939 年 9 月第二次世界大战爆发，冯·诺依曼已经非常了解图灵关于可计算性的工作。[18]

图灵的通用计算机是一个奇妙的概念装置，它仅凭自己就可以执行任何算法任务。但我们真能制造出这样一种东西？除了这种机器原则上所能完成的任务之外，它的设计和制造能否使其在可以接受的时间内应用适量的资源来解决真实世界的问题呢？这些问题从一开始就被图灵注意到了。在（伦敦的）《时代》杂志上刊登的一篇悼文中，图灵的老师马科斯·纽曼曾经写道：

> 他那时对"通用"计算机的描述完全是理论上的，但图灵对一切实验的强烈兴趣不禁使他好奇，沿着这些思路是否可能真的造出一台机器。[19]

他并没有一味地思考这种可能性。为了熟悉现有的技术，图灵特地用机电继电器制造出了一台能够把二进制数进行相乘的装备。为此，他进入了物理系研究生的机加工车间，制作了各种部件，而且亲手制造出了所需的继电器。[1]

---

1. 可巧的是，这个车间就坐落在范氏大楼旁边的帕尔默物理实验室中。这两幢建筑之间还有一条过道。

阿兰·图灵的战争

1938年夏天，图灵回到了剑桥。尽管战争一年以后才会降临，但他却应邀参与了破译德军通信密码的工作。图灵和哥德尔的工作都包含了编码和解密，但那些编码故意选择得很容易识破，而不像德国人正在使用的编码努力不让人猜透。事实上，德国在整个战争中都以为他们的密码是无法识破的。

根据纳粹德国和苏联之间的一项令世界震惊的协定，1939年9月1日，德军入侵波兰。几天以后，英国和法国根据承诺向德国宣战。9月4日，图灵给布莱奇利庄园（Bletchley Park）——伦敦北部的一座维多利亚时代的庄园——做了汇报，那里有一个主要由学术界人士组成的小组，当时他们正设法读取敌军竭力向他们隐藏的信息。这个小组并不打算维持小规模，到了战争结束，大约有1.2万名从事破解密码和信息分析各个方面工作的人住在这个庄园里。其中除了军队和老员工之外，还有大量的"皇家海军女子服务队成员"，她们加入了海 [171]军后备军，操纵的正是图灵和他的同事所设计的机器。

德军用来通信的是一台被称为"谜"（Enigma）的改良的商用加密机器。这台机器有一个字母键盘，当一个表示特定字母的键被按下之后，一个小窗口里就会出现一个字母，即原始字母的加密。当整个一段话被加密之后，它将通过普通的无线电报发送出去。指定的收信人将在另一台"谜"上输入被加密的字母，于是原始信息就出现了。机器内部装有若干旋转的轮子，以便逐个字母地把输入字母变成该字母对应的加密后的字型。军用加密字型的安全保障通过外加的一块线路连接板而得到了提高。每一天机器都会有不同的初始设置，但对于发送者和接收者来说必须是相同的。

战争开始前，一群波兰的数学家已经成功地破译了关于德国的"谜"的信息。但是当德国人把机器变得更为复杂之后，他们就无计可施了，并把工作交给了英国人。布莱奇利庄园的密码专家大多是喜爱解谜的人，他们有时会全神贯注于问题的智力层面而乐在其中。但这项工作是极为严肃的，图灵的特殊责任就是在德国的潜艇和他们的总部之间传递信息。被这些潜艇击沉的给英国运送急需物资的船不计其数，如果德军潜艇不被阻止，英军就有可能因粮草不济而失利。借助于一本从被俘潜艇中发现的电码本以及发送者无意中透露出来的重要信息，"谜"的通信得以成功破译。而图灵着实功不可没，他成功地设计出一台机器（不知是什么原因，它被称为"霹雳弹"[BOMBE]），这台机器可以用这些信息迅速地推导出"谜"在某一天的设置情况。"霹雳弹"通过系统地执行一连串逻辑推理，从大量可能的数值中把谜的可能状态一一排除，最后只剩下几个数值留给手工172 处理，直到最终获得正确的结果。[1]

图灵的"霹雳弹"有几个令人称奇的地方。在图灵的设计草图出来之后仅仅几个月，成打的机器就造了出来并被交付使用。令人吃惊的是，它们无须任何改进就可以工作。要想获得德国海军的"谜"在某一天的设置，就要从 150 000 000 000 000 000 000 种可能性中找

---

1. 数学家戈登·威尔希曼比图灵大6岁，他给图灵的设计加上了一个非常重要的部件，从而大大增强了它的能力。对破译"谜"的通信的技术细节感兴趣的读者可以参阅威尔希曼本人的叙述[Welchman]以及[Hodges]。[Hinsley]中收有解密工作的几位参与者对战争期间布莱奇利庄园中的生活的生动叙述。（括号中的书目参见书后所附的参考书目。）

到正确的组合。平均说来，图灵的"霹雳弹"可以在3小时之内解决这个问题，有一次它只用了14分钟。

在布莱奇利庄园，图灵被戏称为"那个教授"（the prof），他的种种怪癖也成了大家津津乐道的话题。许多年以后，人们还会谈起他把茶杯与暖气片系在一起的习惯。在布莱奇利庄园的岁月里，最富有启发性的事情也许莫过于图灵学习用步枪射击的过程了。在1940和1941年的黑暗日子里，英国似乎随时可能遭袭，丘吉尔政府组建了一个民兵组织——民团。尽管由于图灵工作的重要性，他不需要加入地方军，但他还是决定这样做，为的是学会用步枪射击。民团的新兵都要求参加按时训练，没过多久，图灵就发现这纯粹是浪费时间，于是就不参加了。当怒气冲冲的菲灵汉姆上校要求他遵守纪律时，图灵耐心地解释说，他参加民团本来就是为了学习射击的，既然他现在已经成了一个出色的射手，他就不再有任何理由参加了。上校说："但你是否参加不是你说了算的……这是你作为一名士兵的义务……你必须遵守军纪。"上校提醒图灵，在申请入伍的时候，他曾填过一张表，表中有这样一个问题："你知道参加地方军就意味着你必须遵守军纪吗？"图灵 [173] 说，他的确回答了这个问题，但他写的答案却是："否。"当时在考虑这个问题时，图灵显然认为回答"是"对他没有任何好处。[20]

除了有趣，这则逸事还揭示出阿兰·图灵的许多性格。他倾向于不理睬我们大部分人生活于其中的社会框架，在任何情况下，他都会通过思考得出答案，并且从头开始寻求最佳的行动。大多数人在面临类似于民团申请表上的问题时都会认为，只有一个肯定的答案才是可以被接受的，但图灵却从字面上来理解这个问题，认真思考最好的答案应当是什么。尽管对于图灵来说，这种思维方式在他的科学研究中很管用，但在他的人际交往和社会关系中却并不好使。几年以后，它最终导致了灾难。

图灵发现自己与布莱奇利庄园中的一位年轻数学家琼·克拉克变得非常友好。事实上，他爱上了她，而且提出了结婚的请求，并被愉快地接受了。几天以后，他把自己的同性恋倾向告诉了她，此时她非常不安，但还是准备履行婚约。几个月之后，就在他们一起外出度假后不久，图灵认定，尽管他真心爱着琼，但这不管用，于是还是解除了婚约。显然，这是他第一次，也是最后一次允许自己想象与一位女性有恋爱关系。

与此同时，图灵从未停止思考通用机概念的可应用性。他猜想，正是这种通用性想法揭示了人的大脑拥有强大的能力的秘密，从某种意义上来说，我们的大脑正是通用机。他设想，如果一台通用机可以被制造出来，那么它就可以玩象棋这样的游戏，可以引导它像一个孩子那样学习许多东西，并且最终展示出智能行为。在布莱奇利庄园中，人们就这些思想曾经有过许多讨论，图灵甚至还草拟了可以让机器下棋的算法。同时，制造一台通用计算机所需要的某些硬件也在布莱奇利庄园发展起来。

英国所截获的某些源自纳粹最高当局的讯息并不是"谜"加密的，174　也不是用普通电报传送的。英国人很快就意识到，它们具有电传打字机输出的特征。在这样一个系统中，一段文字中的每一个字母都是用一张纸带上的一排孔来表示的。与早期的摩尔斯电码不同，它不需要人工操作。德国人似乎正在使用一台能在单一的操作中加密和传送讯息的机器，接收者也要有一台能够解码的机器。在布莱奇利庄园，这个系统被称为"鱼"，图灵的老师马科斯·纽曼承担了这项破译任务。他所使用的某些方法被戏称为"图灵方式"（*turingismus*）[1]，以暗示其来源。但"图灵方式"要求对大量数据进行处理，要使破译发挥作用，这个过程必须非常迅速地完成。[21]

20世纪30年代，大多数美国人和欧洲人都已经有了收音机。在那些日子里，在晶体管发明之前，收音机里含有许多真空管（在英国称为"电子管"）。工作时，它们会像低瓦数灯泡一样发光，而且会变得很烫。就像灯泡一样，它们很快就被烧坏了，于是不得不进行更换。当收音机停止工作时，人们可以把真空管从它们的槽中拔出来，送到商店去测试。只有在更换了坏的真空管之后，收音机通常才能起死回生。美国无线电公司的真空管目录中列出了数百种型号的真空管，它们每一种都有各自的特点，是工程师和许多爱好者不可或缺的东西。1943年3月，阿兰·图灵在访问了美国几个月后乘船回到了家。在美国，他帮助美国人制造了自己的"霹雳弹"，以监测"谜"的海军活动讯息。途经大西洋时，他研究了这份美国无线电公司目录以打发时间，因为人们已经发现，真空管可以实现以前由电子继电器来完成的逻辑运算。这些真空管很快：它们的电子以接近光速的速度行进，而继电器则依赖于机械运动。事实上，真空管电路已经被实际应用于电话交换，图灵与这项研究的先锋——极富才华的工程师T.弗劳尔斯进行了联系。在弗劳尔斯和纽曼的领导下，一台体现了"图灵方式"的

---

1. *-ismus*是一个德文词尾，它的使用很像英文中的*-ism*。

175 机器很快就被做出来了。这台被称为"巨人"的机器是一项工程奇迹，它包含1500根真空管。世界上第一台电子自动演算装置诞生了。毫不奇怪，从本质上讲，它所进行的计算是逻辑的而非算术的。被截获的德军讯息以打孔纸带的形式被一个速度极快的读带机输送到机器里：当纸带通过读带机时，从纸孔中透出的光束被把信号传送给"巨人"的光电管截获。纸带必须被迅速地读出，以免减慢真空管电路的操作。弗劳尔斯的骄人成绩不仅体现在短短几个月就造出了一台能够运行的机器，而且还体现在用一个包含如此大量的真空管的机器做出了有用的工作。的确，许多人曾以为，真空管的频频失败将使这一切都不可能。

到了1945年战争结束时，图灵已经掌握了真空管电子学的应用知识。他确信可以用真空管电路来制造一台通用计算机，于是便花了大量精力去思考机器的具体实现和各种应用方面的事情。现在，他所需要的只是充分的支持和有利条件，以便把这项伟大的工程付诸实施。

第 8 章
研制第一批通用计算机

谁发明了计算机？

　　现代计算机是逻辑与工程的复杂混合体，单独挑出一人作为发明者是可笑的。然而1973年，在解决一场专利纠纷（Sperry Rand 和 Honeywell）的过程中，有一位法官差不多就下了这样的结论。随着我们的故事从背后的逻辑思想转到现代通用计算机的实际制造，工程问题以及能够有效应对这些问题的人便走上了前台。计算史已经给出了各不相同的说法，在继续我们的故事之前，我们最好先简要回顾一下这些人物：

　　约瑟夫-玛丽·雅卡尔（1752—1834）雅卡尔织布机是一种可以用一堆穿孔卡片来控制编织纹样的织布机器，它首先在法国引发了纺织业的革命，最后席卷了全世界。职业织工往往不无夸张地说，这就是第一台计算机。尽管它是一项奇妙的发明，但雅卡尔织布机与其说是一台计算机，不如说是一架自动钢琴。因为它就像自动钢琴那样，可以通过在输入介质上打孔来自动控制一台机械装置。

查尔斯·巴贝奇（1791 — 1871）参见第 7 章开头。巴贝奇建议把雅卡尔那样的穿孔卡片用到他没有制造出来的分析机上。他的想法类似于雅卡尔关于织布机的想法。

爱达·洛甫莱斯（1815 — 1852）她的父亲拜伦爵士在她一岁之后就再没见过她。她对数学，特别是对巴贝奇的分析机有很大的热情。她翻译了一本有关分析机的法文研究报告，并且经巴贝奇的同意，在其中加入了自己的注释。她被称为世界上第一位计算机程序员，为了纪念她，有一种主要的编程语言就是以她的名字"爱达"命名的。她把分析机与雅卡尔织布机联系起来的名言常常被人引用：

> 我们也许可以非常恰当地说，分析机编织的代数模式
> 和雅卡尔织布机编织的花和叶完全一样。[1]

克劳德·仙农（1916 — 2001）仙农在麻省理工学院所做的硕士论文中，说明了乔治·布尔的逻辑代数如何能被用于设计复杂的开关电路。这篇论文"有助于把数字电路设计从一门技术转变成一门科学。"[2] 他的信息论在当代通信技术中起着至关重要的作用。仙农在计算机下棋的算法方面做了先驱性的工作。他说明了如何就可以制造出一台仅有两个状态的通用图灵机。（当我 1953 年在贝尔实验室做暑期工作时，仙农是我的上司。）

霍华德·艾肯（1900 — 1973）参见第 7 章开头。1944 年，他为哈佛大学设计的、IBM 用电子继电器制造的"自动序列受控计算机"研制成功，它可以完成巴贝奇所设想的任何任务。在为物理学家和工

程师的数字压缩研制了一台专用机器之后，艾肯发现，通用机很难有效地处理这种计算。

约翰·阿塔纳索夫（1903 — 1995）这位衣阿华州立大学的不大 [179] 引人注意的物理学家（和他的助手克利福德·贝利一起）基于美国参加二战时的真空管电子学，设计并制造出了一台专用的小型计算机。尽管这台机器只能处理非常特殊的问题，但它的重要性体现在它能够证明真空管电路对于计算的重要性。[3]

约翰·莫齐利（1907 — 1980）莫齐利的先见之明为世界上第一台大型数字处理电子计算机ENIAC在费城宾夕法尼亚大学的摩尔电子工程学院的成功研制打下了基础。莫齐利也是一个物理学家，他曾经访问了阿塔纳索夫在埃姆斯和衣阿华的实验室，并有机会研究了在那里制造的电子计算机。

约翰·普瑞斯伯·埃克特（1909 — 1995）埃克特是一位卓越的电气工程师，他的工作为ENIAC的成功研制起到了关键性的作用。

赫尔曼·戈德斯坦（1913 — ）数学家赫尔曼·戈德斯坦于1942年入伍，他被派到美国陆军军械弹道研究实验室当一名中尉。作为ENIAC项目的军方代表，他把冯·诺依曼吸收到了摩尔学院的小组中。在后来与埃克特和莫齐利的争论中，他支持冯·诺依曼一方。战争结束后，他成了冯·诺依曼在计算方面的工作的主要合作者。他关于计算史的书 [Goldstine] 强调了冯·诺依曼的地位，并因此而受到指责。（1954年，我如果要使用高等研究院的计算机，就要向他提出申请。）

厄尔·R.拉尔松（1911 —）他是美国地方法院法官。1973 年，他裁定埃克特和莫齐利关于 ENIAC 的专利权是无效的。他的意见包括：

180

> 埃克特和莫齐利并不是最先发明自动电子数字计算机的人，他们的机器来源于约翰·文森特·阿塔纳索夫博士的机器。[4]

约翰·冯·诺依曼与摩尔学院

正如我们已经看到的，1930 年在柯尼斯堡召开的数学基础研讨会上，约翰·冯·诺依曼承担了解释希尔伯特纲领的任务。正是在这次会议上，库尔特·哥德尔抛出了令人震惊的消息，说他已经证明了包含初等数论在内的数学形式系统必然是不完备的，冯·诺依曼显然是第一个领会到哥德尔工作的重要性的人。不久以后，冯·诺依曼非常激动地给哥德尔写信说："我得到了一个非常漂亮的结果。我能够说明数学的一致性是不可证的。"冯·诺依曼发现，用哥德尔的方法可以证明，希尔伯特所设想的那些系统不足以证明其自身的完备性。正如我们已经指出的，当哥德尔接到这封信时，他已经得到了同样的结论，并在回信时寄出了一份包含这一结果的摘要。

冯·诺依曼是一个既虚荣又卓越的人，他很善于通过纯粹的理智力量在一门数学学科上留下自己的名字。他曾经在算术的一致性问题上花费了不少精力，在柯尼斯堡的研讨会上，他不遗余力地支持希尔伯特纲领。在认识到哥德尔的工作的深刻内涵之后，他又进而证明了一致性的不可证性，不料哥德尔竟走在了他的前头。这就够了。尽管他对哥德尔钦佩有加（他甚至就哥德尔的工作做过讲演），但他发誓再也不跟逻辑打交道了，据说他曾夸口说，在哥德尔之后，他从未读过一篇逻辑方面的论文，逻辑已经使他蒙羞，而他又并不习惯于受辱。即便如此，事实证明，这个誓言并没有被遵守，因为冯·诺依曼对强大的计算机器的需要最终使他又回到了逻辑。

　　和图灵一样，冯·诺依曼在战争期间的工作需要进行大规模的计 181
算。然而，虽然布莱奇利庄园的密码分析工作主要强调涉及符号模式的计算，但冯·诺依曼却需要进行老式的繁重的数字处理。毫不奇怪，他欣然加入了费城电子工程摩尔学院的一个令人激动的项目——研制一台强大的电子计算机ENIAC。30岁的数学家赫尔曼·戈德斯坦让冯·诺依曼加入了ENIAC计划。正如戈德斯坦所说，1944年夏，他们两人第一次在火车站见面，在此之后，冯·诺依曼很快就加入到了费城的讨论中。

　　如果说拥有1500根真空管的英国"巨人"电子计算机是一件工程奇迹的话，那么有着18000根真空管的ENIAC就简直令人震惊了。当时的传统看法认为，这样的配置不可能有效地工作，因为每过几秒钟就肯定会有一根真空管坏掉。ENIAC的首席工程师约翰·普瑞斯伯·埃克特是这个项目得以成功的关键人物，他要求每一个部件的可靠性都能达到非常高的标准。真空管在尽可能保守的功率水平上工作，以使真空管的损坏率保持在每星期3根。这件庞然大物塞满了一个巨大的房间，通过把缆线连接在一块很像旧式电话交换机的线路连接板上来编写程序。ENIAC模仿了当时最成功的计算机器——微分分析器。[5]微分分析器并不是对由数字排成的数直接进行运算的数字设备，而是用可测的物理量（如电流或电压）把数表示出来，把各个部件连接在一起以模拟所需的数学运算。这些模拟机的精确度受到了测量仪器的限制。ENIAC 是一台数字设备，它是能够处理与微分分析器相同的数学问题的第一台电子机。它的设计者使它的部件发挥与微分分析器的部件类似的作用，更大的速度和精确度则依赖于真空管电子学的接受能力。[6]

182　　当冯·诺依曼开始与摩尔学院进行讨论的时候，ENIAC 的研制成功已经没有什么重要的障碍了，人们开始把注意力转向下一台计算机，它的名称暂定为 EDVAC（电子离散变量自动计算机）。冯·诺依曼立即开始研究新机器的逻辑结构。戈德斯坦回忆说：

> 埃克特很高兴看到冯·诺依曼对与新思想有关的逻辑问题如此感兴趣，这些会面属于最伟大的智力活动。
> 这项为新机器设计逻辑方案的工作正合冯·诺依曼的心意，正是在这里，他以前关于形式逻辑的工作才起到了决定性的作用。在他出场之前，摩尔学院的小组主要关注于技术问题，而当他来了之后，他成了逻辑问题的领导者。[7]

1945 年 6 月，冯·诺依曼提出了他著名的"关于 EDVAC 的报告草案"，他实际上是主张把马上就要建造的 EDVAC 作为图灵通用机的一个物理模型实现出来。就像抽象装置上的纸带一样，EDVAC 具有存储能力——冯·诺依曼称之为"存储器"，它既存储数据，又存储代码指令。为了实用，EDVAC 有一个能够在一步之内执行每一条算术基本操作（加、减、乘、除）的算术器件，而在图灵的原始概念中，这些操作需要用像"向左移动一格"这样的原始操作来建立。EDVAC把算术运算用在了十进制数上，而EDVAC则会享受到二进制符号可能带来的简洁。ENIAC还包含一个实现逻辑控制的器件，它把需要执行的指令（每次执行一条）从存储器转移到算术器件。计算机的这种组织方式后来被称为"冯·诺依曼结构"，今天绝大多数计算机仍然是按照这种非常基本的方案进行组织的，尽管它们的部件已经与EDVAC大相径庭了。[8]

EDVAC报告从未超出草案阶段，它从几个方面来说都是不完整 183的。特别是，有许多地方都应加上出处。图灵的名字从未被提及，但他的影响却是有目共睹的。EDVAC应当是通用的，这一概念被提到了不止一次。与图灵类似，冯·诺依曼也猜想人脑的某些显著能力源于它拥有通用计算机的能力。在EDVAC报告中，冯·诺依曼曾多次提到人脑和他所讨论的机器之间的类比。他注意到，真空管电路可以被设计得就像我们大脑中的神经元一样以多种方式运转，他还论述了EDVAC所需的算术器件和逻辑控制器件都可以由这种电路制成，而暂时没有考虑工程技术细节。虽然这份报告几乎完全缺少出处，但它却一再提到两位麻省理工学院的研究者于1943年发表的一篇论文，这篇论文讨论的就是这样一种关于理想化的"神经元"的数学理论。其中的一位作者后来说，他们曾直接受到图灵1936年的文章的启发（就是阐述他的通用机的那一篇），事实上，这篇文章仅有的参考文献就是图灵的那篇文章。更有启发意义的是，文章的作者还不辞辛苦地证明了通用图灵机可以用他们的理想化神经元来模拟，并认为主要是由于这一事实，他们的工作才没有走错方向。[9]

埃克特和莫齐利对冯·诺依曼只在EDVAC报告上写下了自己的名字非常不满。争论的原因之一就是，EDVAC报告中到底有多少属于冯·诺依曼个人的贡献，这个问题也许永远都无法得到最终解决。尽管埃克特和莫齐利后来否认冯·诺依曼曾经贡献过许多，但在报告发布后不久，他们写道：

> 从1944年的下半年一直到现在，我们可以幸运地请教……约翰·冯·诺依曼博士。他在关于EDVAC的逻辑控制的讨论中贡献良多，制定了指令代码，并为具体问题写出了代码指令以检验这些系统。冯·诺依曼博士还写了一份初步的报告，早期讨论的多数结果都在其中进行了概括。……在他的报告中，物理结构和物理装置……被理想化的元素代替了，以免引起工程上的问题，因为这会分散逻辑考虑的注意力。[10]

184

冯·诺依曼希望他所说的机器实际上已经充分接近通用机了，这一点还有其他的证据。他强调一台计算机的"逻辑控制"对于它的"尽可能地接近通用"是至关重要的。[11] 为了检验EDVAC的普适性，冯·诺依曼第一次认真写出了一个程序，它不是要应用于数字处理（这是研制机器的主要目的），而是要有效地给数据分类。这个程序的成功使他确信，"基于现在已经掌握的证据，我们可以合理地得出结论说，EDVAC已经非常接近于'通用'机器了，目前的逻辑控制原理相当可靠"。[12]

冯·诺依曼在EDVAC报告发表的那一年里所写的文章表明，他很清楚电子计算机的设计背后的原理的逻辑基础。有一篇文章的引言是这样的：

> 在本文中，我们将尝试不仅从数学的观点，而且从工程师和逻辑学家（即真正适合设计科学工具的个人或一群人）的观点来探讨［大规模计算］机器。[13]

另一篇文章显然暗示了图灵的思想，尽管它强调纯逻辑的考虑是不够的：

> 通过形式－逻辑的方法，我们很容易理解，足以控制和执行任何操作序列的抽象代码是存在的，它们可以在机器中单个使用，其整体又可以被问题计划者所设想。从目前的观点来看，在选择一个代码时，真正决定性的考虑是一种更为实际的性质：代码所要求的装置的简洁性、它运用于实际重要问题上的清晰性以及它处理这些问题的速度。一般性地或者从第一原理讨论这些问题将使我们离题太远。[14]

185

　　我们知道，第二次世界大战之后发展出来的计算机与早期的自动计算机之间有着本质性的区别。但这种区别的本质却很少有人理解。这些战后的机器都被设计成了适用于各种目的的通用装置，只要过程中的步骤被明确指定，它们就能够执行任何符号过程。有些过程所要求的存储器可能超出了实际所能达到的程度，要么就是速度过慢而不适用，所以这些机器只能是图灵理想化的通用机的近似。然而，它们有一个巨大的存储器（与图灵机的无限长的纸带相对应）却是至关重要的，只有这样，指令和数据才能共存于其中。指令和数据之间的这种变动的界限就意味着，我们可以设计出把其他程序当成数据的程序。早期的程序员主要就是利用这种自由度来设计出能够更改自身的程序。在人们普遍使用操作系统和程序设计语言的分层的今天，更为复杂的应用已经成为可能。对于一个操作系统而言，它所启动的程序（比如你的字处理器或电子邮件程序）就是供它操作的数据，只要每一个程序都有它自身的存储部分，而且（当处理多重任务时）能够记录所要完成的每一项任务的进程。汇编程序把用今天常用的某种语言写成的程序翻译成可以被计算机直接执行的指令：对于汇编程序而言，这些程序就是数据。

在具备了 ENIAC 和"巨人"的经验之后，那些对计算装置感兴趣的人所能够满足的运算速度将不会低于他们所知的真空管电子学所能达到的速度。对于一台模仿图灵的通用机的多用途计算机来说，还需要一件物理装置，其功能相当于一个适当大小的存储器。在图灵抽象的通用机的纸带上，要想从一个方格移到较远的另一个方格，就需要进行多次一次一格的费力移动。就图灵在 1936 年的目的而言，这并没有什么不可以，那些理论机器并不需要做任何实际的事情。然而，快速的电子计算机却需要一个快速的存储器，这就要求被储存在存储器中任何位置的数据一步就能得到，也就是说，存储器应当是随机存取的。[1]

186

---

1. 今天计算机上的存储器是由被称为 RAM 的芯片制成的，它的意思是"随机存取存储器"。

20世纪40年代后期，有两种装置可以用作计算机的存储器，它们是水银延迟线和阴极射线管。延迟线是由一个充满液体水银的管子构成的，数据以声波的形式存储在水银里，声波在管子的两端来回反射。阴极射线管常见于今天的电视机和计算机显示器，数据可以作为一种图样储存在真空管的表面。这两种装置都有严重的工程问题，但幸运的是，对于EDVAC项目来说，埃克特已经在战争期间对延迟线进行了改进，使它可以用于雷达。然而，到了20世纪50年代初，阴极射线管却成为了首选的存储介质。

在谈到这一时期时，人们通常都把正在研制的新的计算机说成是体现了存储程序概念，这是因为需要执行的程序在历史上第一次被存储在计算机内部。但不幸的是，这一术语模糊了这样一个事实，那就是这些机器真正革命性的地方是它们的通用特征，而存储程序只是达到目的的一种手段。图灵和冯·诺依曼的观点在概念上是如此简单，而且在很大程度上已经成了我们的理智倾向，以至于我们很难理解它当时到底有多么新。认识到像水银延迟线这样的一项新发明的重要性要远比认识到一种新的抽象思想的重要性容易得多。埃克特后来声称，他在冯·诺依曼之前就已经想到了所谓的存储程序概念。他的证据是一本备忘录，其中谈到了在合金盘或蚀刻盘上实现的程序设计自动化。[187]这里没有任何地方提到通用计算机的概念，也没有谈及指令和数据共存于其中的灵活的大容量存储器，哪怕连一点暗示都没有。而把既已做出的伟大进展说成是存储程序概念则会引发这种混乱。[15]

当直到埃克特和莫齐利试图在他们的工作的基础上制造出一种商品时，他们与冯·诺依曼和戈德斯坦之间的争吵达到了顶峰。他们

寻求ENIAC和EDVAC的专利权。他们对于EDVAC专利权的申请毫无
进展，这是由于冯·诺依曼草案报告的散发使之处于不受专利权限制
的状态。正像我们已经解释的，他们的确收到了一份ENIAC的专利证，
但后来却被法庭宣布为无效。埃克特和莫齐利显然预见到了通用电子
计算机的商机，但却无法从这种先见之明中获利。[16]

　　随着埃克特和莫齐利的退出，摩尔学院失去了大部分优势，
冯·诺依曼和戈德斯坦开始在普林斯顿高等研究院研制一种阴极射
线管存储器计算机。冯·诺依曼开始寄希望于美国无线电公司所研
制的一种专用真空管，但它并不管用，而英国工程师弗雷德里克·威
廉姆斯（1911—1977）却设计出了能够使普通的阴极射线管有效地用
作计算机存储器的一些方法，在许多年里，"威廉姆斯存储器"都一
直独占鳌头。几台与研究院的机器类似的机器被制造出来了，它们
根据约翰·冯·诺依曼的名字（Johnny）而被亲昵地称为"约尼阿克"
（johnniac）。当IBM决定把通用电子计算机投入市场时，其第一种型
号（701）与"约尼阿克"非常相似。[1]

188 阿兰·图灵的ACE（自动计算机）

　　当第二次世界大战结束的时候，英国国家物理实验所（NPL）进
行了一次大规模的扩容，其中包括一个新的数学部门。J. R. 沃玛斯莱

---

1. 我本人是在1951年春才知道计算机程序设计的，那时我开始为乌尔班纳–尚佩恩的伊利诺伊大
学所研制的一台"约尼阿克"机ORDVAC编写代码。1954年夏，我写了一个使普林斯顿高等研究
院的原始的"约尼阿克"机得以运转的程序（与莱布尼茨的梦毫不相干）。今天，那台计算机仍然
保存在华盛顿的史密森学会。

（1907—1958）被任命为该部门的负责人，他已经意识到图灵1936年的早期论文"论可计算数"的实用含义。1938年，他甚至承担了用电子继电器设计一台通用计算机的任务，但后来放弃了这个想法，因为他发现这样一台机器的速度将会非常慢。在1945年2月去美国访问期间，他看到了ENIAC，并且得到了一份冯·诺依曼的EDVAC报告的副本。他对此的反应是决定雇请阿兰·图灵。

到了1945年末，图灵已经完成了他那篇著名的ACE（自动计算机 [Automatic Computing Engine] ）报告。ACE报告与冯·诺依曼的EDVAC报告之间的比较表明，后者"是一份尚未完成的草案……更重要的是……它是不完整的……"但ACE报告却"是对计算机的一次完整描述，一直到逻辑电路图"，甚至还包括"预算为11200英镑"。在ACE有可能处理的10个问题的清单中，图灵凭借他那宽广的视野，把两个并非与数字资料直接相关的问题——下棋和简单的拼图玩具——包括了进来。[17]

图灵的ACE是一种与冯·诺依曼的EDVAC非常不同的机器，它们与这两位数学家的不同态度密切相关。尽管冯·诺依曼希望他的机器成为真正"通用的"，但他却把重点放在了数值演算上，且EDVAC（以及后来的"约尼阿克"）的逻辑构造都是为了在这个方向上有所推进。由于图灵发现ACE不适于做繁重的算术计算，所以ACE是沿着小得多的方式进行设计的，它更接近于"论可计算数"这篇论文中的图灵机，算术运算将通过程序设计（也就是通过软件而非硬件）来进行。为此，ACE的设计提供了一种特殊的机制，能够把预先编好的程序操作包含在一个更长的程序中。[18] 有人曾经建议沿着冯·诺依曼的方向改进ACE，图灵对此表现得极为刻薄：

189

　　　它与我们的研制路线极为抵触，它更多地沿袭了美国的传统，即通过更多的设备而非思想来解决问题。……不仅如此，某些我们认为比加法和乘法更为基本的操作被漏掉了。[19]

图灵的极小主义思想注定对计算机的发展产生不了什么影响。但事后反思一下，我们就可以发现，ACE设计预示了所谓的微程序设计，它使程序员可以直接进行最基本的计算机操作。而且，我们今天所使用的个人电脑是建立在硅微处理器的基础之上的，它实际上就是芯片上的通用计算机，它们已经变得越来越精致了。而被一批计算机制造者所采纳的相反的纲领，即所谓的RISC（精简指令集计算机）结构，则在芯片上使用了最小指令集，它又一次与ACE的哲学相一致。

　　1947年2月20日，图灵在伦敦数学会上做了关于ACE和一般数字电子计算机的讲演。他在开篇谈到了他在1936年所写的"论可计算数"的论文：

　　　我考虑了这样一种机器，它有一个中心装置以及包含在一条无限长的纸带上的无限大的存储器……我的一个结论是，"经验"过程和"机械过程"这两种说法讲的是同一个意思。……像ACE这样的机器也许可以被看成我正在思考的那种机器的……实际版本。……至少非常相近。……像ACE这样的数字计算机……实际上是通用计算机的实际版本。[20]

图灵接下来提出了一个问题，即"一台计算机原则上可以在多大程度上模仿人的活动"。这使他提出，一台经过编程的计算机也许可以进行学习和犯错误。"有几条定理说的几乎就是……如果指望一台机器不会犯错误，那么它就不可能有智能……但对于一台不以不可错自居的机器能够表现出多少智能，这些定理却什么都没有说。"这间接提到了哥德尔的不完备性定理，我们将在下一章中更详细地加以讨论。图灵在讲演的最后请求"要让计算机进行公平竞赛"，这些计算机与人一样会犯错误，并且建议可以从下棋开始检验。要知道，所有这些想法都是在没有一种设备完成的情况下提出的！报告做完，听众们惊讶得鸦雀无声。[21]

当布莱奇利庄园的领导者们正在为获得充足的资源和支持发愁的时候，他们给温斯顿·丘吉尔写了一封信，丘吉尔立即保证他们能够得到所需的东西。ACE的建造不可能优先，而且NPL的行政官员也表现得相当糟糕。出色地研制了"巨人"的T.弗劳尔斯本该是研制ACE的理想人选，但他虽然与NPL签约，也做了一些计算机存储器延迟线的研制工作，却因忙于战后的电讯工作而只好作罢。这里面有ACE的极小主义设计的考虑，也许还夹杂着这样一种心情，那就是在技术方面可以信任美国人，而不要信任一个古怪的英国教师。在许多年里，这位教师在帮助赢得战争方面所做的事情一直都属于高度机密。当威廉姆斯表明他的阴极射线管存储器可以工作时（第207页），他被邀请加入研制ACE的工作，但他拒绝了。NPL天真地想象威廉姆斯会被雇来研制NPL计算机，但威廉姆斯已经获得了充足的资源，他可以在曼彻斯特研制他自己的计算机。最终，图灵离开了，他首先得到了剑桥的研究人员基金，然后接受了曼彻斯特大学提供的一个职位，他的老朋友兼战争期间的同事马科斯·纽曼正在在那里主持一个新的计算机项目。后来，一台小型的ACE在NPL研制成功，它被称为"气行者ACE（Pilot ACE）"，并且一直良好运行了许多年。

¹⁹¹ 埃克特、冯·诺依曼和图灵

这个通常被称为存储程序概念的故事通常有三个版本。第一种版本把这个概念看作冯·诺依曼的EDVAC报告所体现的天才的产物。埃克特对此大喊"不公"，他坚持说，早在冯·诺依曼加入摩尔学院的小组之前，他就曾建议研制存储程序计算机。他宣称，EDVAC报告是小组共同的想法。各种出版物都支持埃克特的立场。[22] 图灵的名字并没有被提到。戈德斯坦支持冯·诺依曼的说法，而没有考虑图灵的作用，他写道：

> 据我所知，冯·诺依曼是第一个清楚地懂得计算机本质上执行的是逻辑功能，而与电有关的方面则是辅助性的。[23]

当然，图灵对此也非常清楚。

ENIAC和通用计算机所体现的思想之间的鸿沟是如此之大，以至于很难相信埃克特会理解后者。当图灵抱怨"美国的传统是通过更多的设备而非思想来解决问题"的时候，他心里想到的很可能就

是ENIAC。从图灵的"'经验'过程和'机械过程'这两种说法讲的是同一个意思"的结论可以很清楚地看出，把数从十进制转变成二进制，然后再转变回来，这是机器操作中最微不足道的事情。埃克特和莫齐利并没有认识到这一点，他们关心的是用十进制表示的输入输出量，他们研制了一台所有内部操作都用十进制来表示的庞然大物来解决他们的问题。人们遇到的许多具体问题都需要为微积分的某些极限运算找到近似值。由于被称为"差分分析器"的模拟机含有可以计算这种近似值的特殊器件，所以埃克特和莫齐利便把执行类似功能的组件用在了他们的ENIAC中。但是对于一台数字机器来说，这既不必要 [192] 也不适当。微积分课本上讲述了计算这些值的方法，它需要的是对不超出算术的四种基本运算。

埃克特的确完成了一项与EDVAC有关的重大任务：他认为水银延迟线可以解决大容量存储器的问题。埃克特曾经研究过这些用于雷达的延迟线，所以对它们很是了解。因此，在那本他后来用于证明是他最先想到了存储程序概念的备忘录中，据说他谈到了在合金盘上实现的程序设计自动化，而没有提到他了解很多的、更适于做存储介质的延迟线。

冯·诺依曼把计算机程序设计看作一种活动，把这种看法与图灵的看法做一番比较是很有趣的。冯·诺依曼称之为"编码"，并且明确指出它是一种办事员的工作，基本不需要理智参与。有一件逸事颇能发人深省，高等研究院让学生用人工把人类易读的计算机指令翻译成机器语言，有一个极富才华的年轻人提议写一个汇编程序来自动完成这种转换。据说冯·诺依曼曾经气愤地说，让一个有用的科学工具去做一项办事员的工作简直是浪费时间。在 ACE 报告中，图灵说计算机程序设计过程"应当是非常吸引人的，它不应被沦落为苦差事，因为任何非常机械的过程都可以交由机器本身去处理。"[24]

尽管故事的埃克特版本和冯·诺依曼版本今天仍然可以听到，但第三个版本已经变得越来越为人所知。这个版本说的是，冯·诺依曼从图灵的工作中得到了实际的通用计算机的思想。1987 年，当我写文章阐述这种观点时，我发现持此看法的仅我一家。[25] 从那时起，人们越来越多地知道了图灵在战争期间对破译德国通信方面所起的作用，许多人也知道了他曾因同性恋风波而受到无耻的迫害。在伦敦和百老汇上演的《解密》（Breaking the Code）一剧戏剧性地描述了这些事情以及图灵的数学思想的重要性，它也是美国公共广播公司播出的一部电视剧的蓝本。[26] 电视纪录片也讲述了他的故事。于是，你瞧！阿兰·图灵的名字被列入了《时代》杂志（1999 年 3 月 29 日）评选的 20 世纪最伟大的 20 位科学家和思想家名录。文章这样说：

> 现代计算机的创造是由如此众多的思想和技术进步共同完成的，以至于把它的发明完全归功于一个人是太不明智了。但有一个事实仍然成立，那就是每一个敲击键盘、打开电子数据表或 Word 处理程序的人都是在现实的图灵机上工作的。

的确如此！下面是《时代》杂志对冯·诺依曼的评论：

> 事实上，从耗资 1000 万美元的超级计算机到今天的无

线电话和菲比（furbies）玩具上所使用的微小芯片，所有计算机都有一个共同点：它们都是"冯·诺依曼机"，都是冯·诺依曼基于图灵在20世纪40年代的工作所提出的基本计算机结构的变种。

知恩的国家对其英雄的回报

1948年秋，当图灵抵达曼彻斯特时，战争所带来的创伤还在愈合，一些住宅区还保留着工业革命早期的城市所具有的可怕外表。一位作家曾经引用了弗里德里希·恩格斯的一本名著，它评价了1844年曼彻斯特工人阶级住宅的惨状：

> 他［恩格斯］……所描述的情况……是在极为悲惨、恶化、残酷和非人道的普遍背景下发生的，类似的情况在地球上从未出现过。……一到这些院子，他便发现自己被"污垢和令人作呕的垃圾所包围，类似的情况再也不会找到。……毫无疑问，这是迄今为止我所见过的最可怕的住宿条件……在这里的一个大杂院中，正好在入口的地方……就是一个没有门的厕所，非常脏，住户们出入都只有跨过一片满是大小便的臭气熏天的死水洼才行。"[27]

194

当然，在接下来的一个世纪里，大众的卫生设施已经得到了明显改善，而且无论如何，在图灵的社会阶层中也有人可以不住在工人阶级的住宅区了。然而，图灵与一个"下层"成员之间的结交还是导致了灾难。

我们可以想想NPL的糟糕管理会使图灵感到多么沮丧，这不仅浪费了他的才智，还使他在ACE报告和向伦敦数学会所做的讲演中显露出来的雄心勃勃的梦想毁于一旦。与此同时，计算机正处于研制过程中。在剑桥大学，莫里斯·威尔克斯（1913 — 2010）领导了EDVAC类型计算机的研制，它被称为EDSAC。与图灵在NPL的处境不同，威尔克斯拥有充足的经费来完成这个项目。每当图灵想起自己曾在NPL嘲笑过威尔克斯的一本备忘录，说它属于那种"通过更多的设备而非思想来解决问题的美国传统"时，他定是懊恼万分。到了1949年，EDSAC开始运行，并且可以买卖。威尔克斯和他的合作者的所谓发现，即微程序设计以及对子程序的系统应用，在图灵的ACE报告中都被清楚阐明这只能加剧他的沮丧。在曼彻斯特，图灵本来据说是要在那里领导计算机项目的，但威廉姆斯明确指出，他对某位数学家关于他的计算机的研制方面的想法不感兴趣。也是在1949年，成功运行的Mark I型曼彻斯特计算机出色地证明了威廉姆斯把现成的阴极射线管用作存储设备的技术，这一技术不久就用在了美国的计算机上。然而，其基本逻辑设计乃是源自冯·诺依曼的EDVAC报告，而不是源自阿兰·图灵。[28]

关于图灵的ACE，赫尔曼·戈德斯坦曾经评论说，尽管这个设计"在某些方面有些吸引力"，但它"最终并没有站稳脚跟，而是被自然选择所淘汰。"[29]说这是某种自然选择的结果实在是不公平的。体现了图灵思想的"飞行者ACE"运行得相当好。如果各种组织和资源都准备得很好，没有理由认为ACE计算机就工作不好。这里最好是在更为一般的背景下来理解，即计算机的哪些功能应由硬件来实现。哪些应由软件来实现。图灵曾经提出过一种相对简单的机器，它的许多功能都是由软件来实现的。但反过来，程序员要对基本的机器操作进行许多控制。这特别有利于编写旨在完成逻辑演算而非数值演算的程序。随着这个领域的发展，人们继续围绕对不能兼顾因素的这一权衡争论不休，最近的一场争论涉及 RISC 结构。[1]

当图灵 1948 年来到曼彻斯特大学时，尽管他仍然担任政府的顾问，但几乎没有人知道他在战争期间所做的事情。他之所以被雇用，是因为大家本以为他会在与威廉姆斯的 Mark I 计算机有关的事情上起一些领导作用。但后来事情的发展表明，工程师只顾忙于自己的事情，图灵在这些方面的想法并没有被执行得很好。他实际上并没有利用他的职位去介绍 ACE 报告中的那些优美思想，以使程序员的工作轻松愉快，而是成了直接与机器语言 0 和 1 打交道的使用者。他研究了一些他在战前曾经思考过的计算问题，但他的兴趣很快就转到生物学上去了。他试图回答生物是怎样从完全相同的细胞一步步地发展成 196 为自然界中形态各异的生物的。由这个形态发生问题可以导出微分方程，图灵很自然地转向计算机来寻找关于这些方程的解的信息。虽然他用机器寻求的正是他曾经要求超越的那种数字压缩，但他在一些通俗文章和公众讲演中却表达了他长期以来对计算机拥有类似于人的智能的潜力的设想。

---

1. 1954 年夏，我正在为冯·诺依曼的高等研究院计算机的基本数字运算指令集而绞尽脑汁，正在执行一种用于检验 PA（定义见第 6 章）句子是否为真的算法，它包含加法，但不包括乘法。（计算逻辑领域的技术论文集的编辑们在前言中谈到我的项目时说："1954 年的一个计算机程序造就了计算机生成的第一个数学证明。"[Siek-Wright] p. ix.）我毫不怀疑，对我的目的来说，ACE 指令集会合适得多。

1951年圣诞节前夕，图灵设法与一个19岁的年轻人阿诺德·默里开始了短暂的暧昧关系。默里来自一个穷苦的工人阶级家庭，是一个非常聪明的年轻人。当图灵与他在街上搭话时，默里正处于缓刑期，他曾经在一次小偷小摸中被捉。图灵邀请他到自己的住处，在默里眼里那儿一定是豪华住宅。圣诞节过后不到一个月，图灵有一天晚上回到家时发现他的住所失窃了。尽管丢失的东西总共价值还不到50英镑，但图灵还是非常心烦意乱。是默里想到了是谁实施了行窃——是他认识的一个名叫哈瑞的人。哈瑞显然认为对一个同性恋者实施盗窃是绝对安全的，因为他不敢去报警。一个谨慎的人面对阿兰的处境时当然不致愚蠢到去报警，但图灵却偏偏去了警察局。

警察局没费多少气力就弄清了图灵和默里之间的事情，当被讯问时，图灵一切都没有隐瞒。他不认为自己在性方面的情感有何可耻之处，也不认为他实现这些情感的无害手段有何过错。但尽管如此，法律的规定是很清楚的：图灵和默里彼此愉悦对方的所作所为是"极为下流的"，最多可以被判处2年徒刑。审理图灵案的法官出于他所谓的仁慈动机，决定如果图灵同意进行1年的激素注射治疗以减少性冲动，那么他就可以免于坐牢。所使用的激素是雌性激素，无论它会给图灵的性冲动带来什么影响，它都会附带地使他的胸部发育。

197　　1938年10月，阿兰看了沃尔特·迪士尼的《白雪公主和七个小矮人》。"他被一个场面深深地吸引住了，邪恶的女巫正把一个系在线上的苹果摇摇晃晃地放入一锅滚开的毒药中，口里还念念有词：

　　　毒液浸透苹果，

　　沉睡般的死亡也随之穿透。"

　　他似乎喜欢一遍又一遍地念叨着这几句话。[30]1954年6月7日，阿兰·图灵咬了半个在氰化物溶液中浸泡过的苹果，结束了自己的生命。是什么导致他做出了这个不可逆转的行为呢？人们对此有种种猜测。《解密》一剧说，在他被定罪之后，政府当局曾经反对他出国旅行，因为这成了他的性伴侣的最好来源。在英国，性也许已经变得太过危险以至于不能尝试。在20世纪50年代的气氛中，当局的确反对他出国旅行，这似乎是不争的事实。被定罪之后，官方不再允许他阅读秘密文件，但无法抹去的是他大脑中所携带的秘密。不过可以肯定的是，他在一次去挪威的旅行中遇上了一个男人，这个人曾经被警察局阻止，并且当他到英国探访图灵时被驱逐出境。唉，阿兰·图灵很可能就这样被一个他曾经为之做出过如此巨大的贡献（虽然未获赏识）的国家的政府当局逼上了绝路。

第 9 章
[199] **超越莱布尼茨之梦**

图灵在伦敦数学会的演讲中说：

> 我希望数字计算机能够最终激起人们对符号逻辑的极大兴趣……人与这些机器进行交流的语言……构成了一种符号逻辑。[1]

图灵所暗示的逻辑和计算之间的关联是本书的一个基本主题。然而，读者们也许仍然会问：逻辑和计算之间是如何彼此关联的？算术与推理有什么样的关系？动词"推断"（reckon）的通俗用法为我们提供了一条线索，在这里它没有了通常的含义："演算。"

> 我推断他此时正在月光下对她说着甜言蜜语。

我们正在听一部 B 级电影中忧郁的男主角谈论他的情敌，他（和我们一样）并不知道赢得她的芳心的正是我们的男主角。他在言谈中未曾想到算术，他只是在谈论推理。他基于自己自认为知道的情敌的那些背信弃义的做法进行推理。"推断"一词的用法暗示了推理和演算之间真实而深刻的关联。用数进行推断本身就是一种推理形式，人们所

做的大量推理都可以被看成一种计算。就像我们的例子所显示的，这
种关系通常都能被人理解（至少是在一种下意识的层次上），这真是 [200]
很有趣。又如，当某个人被说成是一种善于算计的人的时候，我们对
这种评价完全心领神会。

　　把逻辑推理归结为形式规则的努力可以追溯到亚里士多德。他的
工作是莱布尼茨关于一种普遍的计算语言的梦想的根本基础。图灵
说明了所有的计算都能够在他的通用机上完成，这一成就也是以亚里
士多德的工作作为支撑的。计算和逻辑推理确实是同一个硬币的两面，
利用这一洞见，我们不仅可以为计算机编程，从而使其能够完成各种
任务，而且还能设计研制计算机。

　　1999年1月，美国科学促进会在加利福尼亚的阿纳海姆召开了年
会。这次会议的主题为"新世纪的挑战"。这是一次严肃认真的内容
丰富的会议，它就大量课题举行了演讲和讨论会。当我浏览议程表时，
一个名为"逻辑在计算机科学中的非凡效力"的专题讨论会引起了我
的注意。五位领衔的计算机科学家（也是逻辑学家）在发言中证实了
图灵预言的正确。在该讨论会的会议议程上，他们写道：

　　　　在过去的25年里，逻辑和计算机科学之间发生了广泛
　　而持续的相互作用，而且仍在不断加强。在许多方面，逻
　　辑为计算机科学提供了一种统一的基础框架和建立模型的
　　工具……这次讨论会通过展示逻辑在其中扮演着至关重
　　要的角色的一些计算机科学领域，如人工智能、计算复杂
　　性、分布式计算、数据库系统和设计验证等等，从而为逻

辑在计算机科学中的惊人效力进行一次全面考察。[2]

计算机、大脑和心灵

1965年，麻省理工学院的计算机科学家约瑟夫·外岑鲍姆编写了一个名为ELIZA的程序，用户只要通过键盘输入英语句子，就可以与之对话。ELIZA有意以一种相当粗糙的方式去模仿一个启发式的精神治疗师。以下是我和ELIZA之间一次真实对话的记录：[3]

> ELIZA：你好。请告诉我你的烦恼。
>
> 马丁：我的烦恼很难描述。
>
> ELIZA：为什么你的烦恼难以描述？
>
> 马丁：因为每当我试图去描述它时，我就会大叫。
>
> ELIZA：这是真正的原因吗？
>
> 马丁：也许不是。
>
> ELIZA：你似乎并不很确定。
>
> 马丁：啊，确定。
>
> ELIZA：你能仔细地讲讲吗？
>
> 马丁：可以。但这将涉及一些个人隐私。
>
> ELIZA：你为什么如此确信？
>
> 马丁：我试图维护我的尊严。
>
> ELIZA：你的尊严？
>
> 马丁：你不会理解这些的。
>
> ELIZA：我们是在讨论你，而不是我。
>
> 马丁：我已经受够了。再见！

ELIZA：你说你已经受够了。

马丁：我说再见。

ELIZA：你能说得再详细一些吗？

马丁：再见。

ELIZA：再见。请付75美元。

当然，ELIZA什么都不理解。该程序执行的是一种非常简单的算法，[202]如果句子中出现关键词，那么它就会做出响应，否则就只是重复用户的句子。例如，"你"是一个关键词，ELIZA对它的响应通常是"我们是在讨论你，而不是我。"句子"你是我的母亲"中包含了"母亲"和"你"这两个关键词。由于"母亲"这个关键词的级别要比"你"这个关键词高，所以ELIZA对于该句的响应将是"再告诉我一些你家庭的情况。""可以"这个关键词引起了"你为什么是如此肯定？"的响应。注意，只有当"再见"一词出现在句首时，ELIZA才会对它做出响应。

1950年，阿兰·图灵发表了他的经典论文"计算机与智能"。他预言，世纪末将会出现这样一种灵巧的人机对话程序，人在对话时将不能分辨他是在与一个人还是一台计算机交谈。[4] 他的预言是错误的：如今，那些声称能对普通的英语句子做出响应的交互式程序远比ELIZA复杂，但它们之中最好的也远远赶不上一个普通的5岁小孩的语言能力。

图灵其实是在不陷入哲学和神学问题的泥淖的情况下，探讨一台计算机是否可以表现出智能行为。为此，他提出了一种客观的、易于操作的检验方法：假如一台经过编程的计算机能够与一个有着正常理性的人谈论任何话题，而且用户判断不出来他是在同一个人交谈还是在同一台机器交谈，那么我们就可以说这台计算机是具有智能的。然而，我们距离能够编出这样的计算机程序还相当遥远，而且许多人对于这种判定计算机是否具有智能的方法并不信服。

正当计算语言学家们为计算机运用日常语言的能力而不懈奋斗之时，人们也自然会在那些不依赖于日常语言的领域中去探求机器智能。其中有一个领域就是下棋。当一个人国际象棋下得不错时，很难否认他表现出了智力思考。众所周知，我们已经有了能够把国际象棋下得很好的程序，许多普通的玩家必须选择该程序中的较低级别，这样才不会被经常击败。1996年2月，电脑"深蓝"成功地击败了国际象棋世界冠军加里·卡斯帕罗夫。那么，我们能说"深蓝"具有智能吗？哲学家约翰·R.塞尔在一篇文章中以他那惯用的挑衅风格告诉我们，严格说来，"深蓝"甚至不能被认为是在下棋：

> 以下我们将说明"深蓝"内部发生了什么。这台计算机有一串被程序员用来表示棋盘上棋子位置的毫无意义的符号，还有一串表示可能的移动的同样毫无意义的符号。这台计算机并不知道这些符号就表示棋子和它们的移动，因为它什么都不知道。[5]

为了把这一点讲清楚，塞尔把他那个著名的比喻稍稍改造了一下。原来的故事说，屋子里有一个人从屋外收到了一些符号，然后他通过查一本书来决定他将发回哪些符号。那本书是以一种特别的方式写成的，这使得来回往复的符号构成了一次中文对话。但这个人并不懂中文，他不明白那些符号代表着什么。我们且不考虑从这个奇异的故事中可以得出什么结论，让我们转到塞尔的"象棋屋"：

> 想象一个不晓得如何下国际象棋的人被锁在一间屋子里，在那里他被给予了一组在他看来毫无意义的符号。他不知道这些符号代表着棋盘上的位置。他在一本书中查寻他该怎样做，然后送回一些无意义的符号。我们可以假定，如果这本书（也就是那个程序）编写得很是巧妙，那么他将赢得象棋比赛的胜利。屋外的人则会说："这个人懂得国际象棋，他的确是一个象棋高手，因为他赢了。"但他们完全错了。这个人根本不懂国际象棋，他只是一台计算机。这个比喻的要害在于：假如这个人不懂国际象棋，而只是按照下棋程序行事，那么任何其他按照下棋程序行事的计算机也不懂象棋。

204

读者们也许已经注意到了，在这个例子中硬件和软件是分离的。屋中那个人的功能其实就相当于一台粗制的通用计算机。当然，一台未安装软件的计算机是不可能玩国际象棋的，只有当那个人有一本指令书时，下棋才能进行。下面是塞尔的比喻的我自己的版本：

> 有一个早熟的孩子，他的母亲对国际象棋充满热情。他厌倦了只是在一旁观看他的母亲下棋，于是就要求他的母亲允许他和母亲下盘棋。他母亲同意了，但前提是只有当她说可以移动棋子时才移动棋子，而且要将棋子放在她

所指定的位置。他按照要求做了。母亲在他耳边悄悄说什么，他就做什么。最终，他把对方将死了。看到这一幕情景，塞尔说那个孩子一点也不懂国际象棋，而且他肯定也不是在下棋，谁又能不同意呢？

当代哲学家所使用的方法之一就是讲一些荒谬的故事，从而使那些并不明显的联系显示出来。但是建造现实的"象棋屋"也并非毫无意义。我有一个同事，他曾是"深思"设计小组的成员。"深思"是一台功能强大的下棋计算机，它是"深蓝"的前身。他提供给我一些数据，在此基础上我演算出，假如构成"深思"的硬件和软件被表示成一本由人可以执行的指令写成的书（更像是一个图书馆），那么把棋子移动一步就要花去好几年的时间。于是，最好是把一家人放在那个象棋屋里，当双亲去世后，孩子们还可以接着干。否则的话，一局比赛也不可能完成。

塞尔告诉我们说，"深蓝""有一串毫无意义的符号"。然而，假如你能在"深蓝"运行时看到它的内部，那么你将看不到任何符号，无论是有意义的还是无意义的。电子正在电路中来回运动。这就好像，假如你能在卡斯帕罗夫下棋时看到他的头骨内部的情况，那么你将看不到任何棋子，而只能看到神经元的脉冲。我们的大脑如何组织才能处理那些所谓的符号信息，人们对这个问题直到现在也是知之甚少。而电脑（比如"深蓝"）为这个目的是如何被组织起来的，人们就清楚多了，因为毕竟是工程师和程序师制造了它。但是在这两种情况下，在大约分子层次上起作用的过程都被整合在样式中了，而认为样式与符号处理有关是有帮助的。塞尔告诉我们说，"深蓝"中的符号是毫无意义的。所以卒和马到底"意谓"着什么，这并不是一个有用的问题。

塞尔强调了"深蓝"不"知道"它在下棋这个事实。事实上，他坚持说"深蓝"不知道任何东西。而那些富有专业知识的工程师却有可能声称，"深蓝"的确知道各种东西。例如，它知道能将给定方格中的棋子移动到哪几个方格去。这完全取决于"知道"是什么意思。尽管如此，我们可以说"深蓝"并不知道它在下棋。但我们能因此就下结论说它事实上不在下棋吗？这里是另外一个比喻：

> 人类学家对新几内亚北部的克斯鲁普人的研究导致了一个非同寻常的发现，它肯定是人类有史以来最为惊人的巧合之一。虽然克斯鲁普人在被发现以前一直过着与世隔绝的生活，但他们却举行这样一种宗教仪式，他们两两组合参加一种完全等同于我们的国际象棋游戏的符号性的仪式。他们并没有使用棋盘或棋子，而是在沙地上设计了精巧的格子。首先发现克斯鲁普人的人类学远征队的领导者斯普兰蒂德博士本人是一个热情的业余棋手，正因为此，他才在沙地上所画的图案中看出了与国际象棋比赛中的移动完全等价的东西。

这些克斯鲁普人是在下国际象棋吗？他们肯定不知道自己下的正是国际象棋。塞尔也许会回答说："但克斯鲁普人是有意识的，而'深蓝'没有。"一个由程序控制的计算机是否会有意识，这在塞尔和其他人关于这些问题的讨论中扮演着主要的角色。无论未来的情况如何，我们当然必须得同意"深蓝"没有意识。

206　　　我们的意识是我们体验自身独特的个体性的一种主要方式，但我们只是从内部才知道它的。我们可以经验到自己的意识，却不能经验到他人的。我把我的意识经验为一种内在的交谈。我的妻子向我保证，她的意识是由视觉图像所支配的。她的意识和我的意识真是同一种东西吗？它到底是什么，为了什么目的而服务？当我写作时，我试图寻找合适的词，（如果幸运）它从我意识的深处浮现了出来。我不知道我的大脑是如何做到这一点的。时至今日，意识的现象依旧是那么神秘。

　　　出于很好的理由，图灵和冯·诺依曼都把电脑与人脑进行了比较。既然人们有那么多不同的思维模式，他们猜想，我们之所以能够做那么多极为不同的事情，是因为在我们的大脑中嵌入了一台通用计算机。这就是为什么当冯·诺依曼着手设计 EDVAC 时，他会被人工神经元理论深深震撼。通用计算机所能做的只是执行算法。塞尔说："人类很少做那种单纯的计算，我们很少把时间花在执行算法上。"他真的如此确信吗？当被问到这样一个问题：你读过查尔斯·狄更斯写的东西吗？答案（有或没有）一下子就从脑海深处冒了出来。对此我们是如何做到的？我们不知道。可以假设这是通过某种算法过程从我们大脑中的数据库里提取所需的信息而实现的，这种假说至少从表面看是相当吸引人的。对于计算机如何处理从电视摄像机输入的原始的视觉资料的研究，将在很大程度上帮助我们理解，我们的大脑是通过什么样的过程把视网膜传入大脑的原始资料转变为呈现给我们的清晰图像的。我们不知道这些事情是否就是通过我们的大脑执行算法来实现的，但我们并不能肯定这就不是它的实现方法。

　　罗杰·彭罗斯是一位杰出的数学家和数学物理学家，他在宇宙的几何结构方面做出了激动人心的工作。他也曾考虑过人类心灵的运作是否从本质上说是算法的这一问题。彭罗斯援引哥德尔的不完备性定理，明确地回答说：不是。以下是一种表达哥德尔定理的方式：　　　　　207

> 　　给定一种能够逐条产生关于自然数的真陈述的算法，
> 那么我们总是能够得到另一条关于自然数的真陈述（我们
> 称之为哥德尔句子），它是不能通过该算法生成的。[6]

彭罗斯论证说，没有一种声称等价于心灵活动的特殊算法能够满足需要，因为心灵总有可能通过一种"洞察"活动而发现哥德尔句子对于该算法为真。这则论证是极端错误的，至于其原因，图灵早在1947年为伦敦数学会所做的演讲中就已经解释过了，那次演讲足足比彭罗斯所写的文章早了40年。图灵指出，哥德尔定理仅仅适用于那些只生成真陈述的算法。但没有一个数学家能够声称不会出错。我们都会犯错误！因此，哥德尔的定理无法防止把人类心灵的数学能力等同于一种既能产生真语句又能产生假陈述的算法过程。[7]

　　塞尔和彭罗斯拒不承认人类的心灵就其本质而言等同于一台计算机。但他们两人都心照不宣地接受了这样一个前提，即不论人类的心灵可能是什么，它都是由大脑产生出来的，都服从物理化学定律。而库尔特·哥德尔则愿意相信，大脑实际上就是一台计算机，但他拒不接受超越于人脑的心灵并不存在的观点。事实上，古典的心－身问题是哥德尔所关注的问题的核心。他认为心灵以某种方式独立于我们作为物理实体的存在，他的这种立场通常被称为笛卡儿的二元论。[8]

　　这里的讨论已经远远超出了莱布尼茨之梦，它把我们带到了一个介于哲学和科幻小说之间的地方。的确，只要注意到自 EDVCA 和 ACE 报告出现以来的计算机的发展状况，我们在预测它们未来能够做什么和不能做什么时，便很有理由要谨慎一些。

尾声

我们已经领略了一批卓越的革新者横跨3个世纪的生活。他们中的每一位都以这样那样的方式关注人类推理的本性。他们每个人的贡献加在一起便构成了理智的母体，由此孕育出了通用数字计算机。除了图灵，他们之中没有一个人意识到自己的工作可以被如此应用。莱布尼茨看得很远，但还没有远到这种程度。布尔几乎不可能想到，他的逻辑代数会被用于设计复杂的电路。如果弗雷格发现与他的逻辑规则等价的东西会被纳入实现演绎的计算机程序，他定会大吃一惊。康托尔当然从未料到他的对角线方法会产生出来什么样的结果。希尔伯特用于确保数学基础的纲领被引向了一个非常不同的方向。即便是一直过着心灵生活的哥德尔，也几乎没有想到自己的工作可以在机械装置上得到应用。

本书中的故事强调了观念的力量以及预测它们结果的徒劳。汉诺威的公爵们认为他们知道莱布尼茨最应当做什么：编写他们的家族史。今天的情况更是如此，那些为科学家们提供生活和工作所必需的资源的人竭力要把他们引向那些被认为能够尽快出结果的方向。这不仅在短期内可能是徒劳的，而且更重要的是，如果只重眼前利益，而轻视那些不会带来直接回报的研究，那么最终遭殃的还是我们的未来。

注释

所有括号中的文献均见于后面的参考书目。

引言　[1]　引文出自 [Ceruzzi]，第43页。霍华德·艾肯（1900—1973）组建了哈佛大学计算实验室，并于20世纪40—50年代在哈佛大学帮助设计和建造大型计算设备。

　　　　[2]　引文出自一篇向伦敦数学会所做的讲演 [Turing 1]，第112页。阿兰·图灵是本书第7章和第8章的主题。

第1章　[1]　关于莱布尼茨的传记材料，我主要取自 [Aiton]。

　　　　[2]　关于莱布尼茨的 *Dissertatio de Arte Combinatoria*（唉，原文为拉丁文），参见 [Leibniz 1]。

　　　　[3]　莱布尼茨在巴黎的数学著作在 [Aiton] 中有所讨论，更详尽的见于 [Hofmann]。

　　　　[4]　引自 [Leibniz 3]。

　　　　[5]　莱布尼茨关于推理和解方程机器的著作，参见 [Couturat]，第115页。

　　　　[6]　对牛顿和莱布尼茨所创立的微积分的数学细节感兴趣的读者将会喜欢 [Edwards] 中的细致讨论。关于微积分历史发展的优秀论述，读者还可参考 [Bourbaki]，第207—249页。

　　　　[7]　关于莱布尼茨的微积分运算还有另一个有趣的故事（但它其实应归入另一本书）：他对无穷小量的使用。无穷小量被认为是非常小的正数，以至于无论这个数加到自身多少次，数1（甚或0.0000001）也永远达不到。这些量的合法性从一开始就受到了挑战；哲学家贝克莱大主教嘲笑无穷小量是"已经死去的量的幽灵"。到了19世纪末期，数学家们都认为对无穷小量的使用的合理性不可能得到证明（尽管物理学家和工程师继续使用它们）。

关于莱布尼茨所使用的无穷小方法以及20世纪逻辑学家亚伯拉罕·鲁宾逊对它们的最终肯定，参见［Edwards］。《科学美国人》上的文章［Dav-Hersh 1］对鲁宾逊的成就给出了另一篇论述。

［8］　［Aiton］，第53页。

［9］　［Mates］，第27页。关于这些著名女性的更多内容以及莱布尼茨关于女性理智能力的信念，也参见此文献第26—27页以及其他文献。

［10］　引用的这封致洛比达的信写于1693年4月28日（［Couturat］，第83页）。古杜拉的引文也出自这篇文献的同一页。关于"阿里阿德涅之线"，参见［Bourbaki］，第16页。

［11］　这封莱布尼茨论述其普遍文字的写给让·伽鲁瓦的信［Leibniz 2］写于1678年12月。译文是我从法语翻译过来的。

［12］　［Gerhardt］，第7卷，第200页。

［13］　［Parkinson］，第105页。

［14］　关于莱布尼茨的逻辑演算（这里只举了一个小例子），参见［Lewis］，第297—305页。莱布尼茨没有使用"="，而是使用了∞。［Swoyer］这篇有趣的文章从20世纪的视角对这个系统进行了一次彻底重建。

［15］　关于对莱布尼茨试图超越亚里士多德的分析的某些讨论，参见［Mates］，第178—183页。

［16］　［Huber］，第267—269页。

［17］　［Aiton］，第212页。

第 2 章　　[1]　关于莱布尼茨与卡罗琳娜公主的友谊及其与塞缪尔·克拉克的通信的内容取自 [Aiton]，第232页、第341 — 346页以及 [Britannica] 中的 "卡罗琳娜（1683 — 1737）" 以及 "塞缪尔·克拉克（1675 — 1729）" 词条。

　　　　　　[2]　关于乔治·布尔的传记信息主要取自 [MacHale]。

　　　　　　[3]　[MacHale]，第17 — 19页。

　　　　　　[4]　"强烈的欲望和激情"：[MacHale]，第19页。

　　　　　　[5]　[MacHale]，第30 — 31页。

　　　　　　[6]　[MacHale]，第24 — 25页。

　　　　　　[7]　[MacHale]，第41页。

　　　　　　[8]　代数定律中最重要的有加法和乘法的交换律：

$$x + y = y + x \qquad xy = yx$$

以及分配律

$$x(y + z) = xy + xz$$

我们使用了通常的代数约定，比如写 xy 而不写 $x×y$。

　　　　　　[9]　两个微分算子的乘法（意思是先作用第一个再作用第二个）并不总是遵循交换律。

　　　　　[10]　布尔的金质奖章：[MacHale]，第59 — 62页，第64 — 66页。除运用微积分方法的著作之外，布尔还在1842年的《剑桥数学杂志》上以两部分发表了一篇论文，可以认为这篇文章创立了一个

新的重要的代数分支，布尔后来再也没有研究过不变量。我们将在大卫·希尔伯特一章中再次讨论不变量。

[11] 与布尔对待证明和极限过程的模糊态度不同，当时的欧洲大陆正努力为它们发展一种恰当的严格基础。有兴趣的读者可以参见 [Edwards]，特别是第11章。

[12] 不要把苏格兰哲学家威廉·汉密尔顿爵士（Sir William Hamilton）与其同时代人——爱尔兰数学家威廉·罗万·汉密尔顿（Sir William Rowan Hamilton）爵士混淆起来。

[13] [Boole 2]，第28—29页。

[14] [Daly]，[Kinealy]。

[15] [MacHale]，第173页。

[16] [MacHale]，第92页。

[17] [MacHale]，第107页。

[18] [MacHale]，第240—243页。

[19] [MacHale]，第111页。

[20] [MacHale]，第252—276页。

[21] x和y的交集的现代记法是$x \cap y$而非xy。空集也通常用丹麦语字母$\emptyset$而非0来表示。当然，他使用的记号对布尔来说是重要的，因为这样可以使它很容易与普通的代数相联系。

[22] 布尔把+这一操作严格限于没有共同元素的类。这里我们遵循当前的用法，而不去加强这一限制。于是，$x+y$就是属于x或y或两

者的事物的类。今天，我们说x和y的并集，写作$x \cup y$。布尔还把$x-y$限制在y表示的类是x表示的类的一部分的情况。但这一限制也是没有必要的。

[23]　［Boole 2］，第49页。

[24]　正如布尔所强调的，对三段论有效性的论证中涉及代数的是把1个变量从具有3个变量的两个联立方程中消去。

尽管布尔完全认识到，"所有X都是Y"这一形式的命题在他的代数中可以用$X(1-Y)=0$来表示，但他宁愿使用$X=vY$，其中v是他所谓的不定符号（indefinite symbol）。数学家查尔斯·格雷夫斯清楚地表明了这一点（［MacHale］，第70页）。这真是一个糟糕的想法，它给布尔的体系造成了非常不必要的复杂。

[25]　布尔把二级命题与他的类代数相联系的方法是把时间引进来。事实上，布尔会把时间瞬间的类与每一个命题联系起来。要想说命题X为真，布尔会记为$X=1$，意指表示命题为真的瞬间的类包含了整个时间段。类似地，$X=0$将表示X为假，因为没有时间的瞬间是X为真的。假设命题$X\&Y$表示X和Y均为真，它为真的瞬间的集就是交集XY。最后，要想让如果X，那么Y这一命题为真，就需要无论什么时候X为真，Y也必须为真，也就是说没有时间是X为真而Y为假的。因为$X(1-Y)=0$（［Boole 2］，第162—164页。）

[26]　［Boole 2］，第188—211页。

第 3 章　[1]　关于罗素的信、弗雷格的回复以及罗素后来的评论，参见［van Heijenoort］，第124—128页。

[2]　2.关于弗雷格声名狼藉的日记以及迈克尔·达米特的评论，参见［Frege 2］。

[3] 我非常感谢莱比锡大学的洛塔·克莱泽尔教授和蔼地回复了我有关弗雷格信息的请求。尽管克莱泽尔教授主要把时间花在处理德国统一所带来的问题上，但他还是挤出时间回复了我的请求。[Bynum]中的特劳尔·拜纳姆简明的传记也很有帮助。

[4] 我发现[Craig]是一份出色的关于德国史的资源。关于第一次世界大战的起源，也参见[Geiss]，[Kagan]。弗雷格寄给哲学家路德维希·维特根斯坦的一些明信片保存了下来，战争期间，后者曾在奥地利军队中当一名炮兵观察员。毫不奇怪，它们表明弗雷格曾是一个爱国的德国人[Frege 1]。

[5] [Frege 2]。

[6] 同上。

[7] [Sluga]，[Frege 1]，第8—9页。

[8] 关于所引的评论，参见[van Heijenoort]，第1页。同一资料第1—82页还包括了附带注解的弗雷格《概念文字》的出色翻译。另一个译本收在[Bynum]，第101—166页。

[9] 我们使用的这些符号是今天普遍使用的符号，而不是弗雷格所使用的那些符号。当然，基本的洞见是认识到什么需要被符号化，而不是所使用的是什么特殊符号。弗雷格的符号并没有被广泛接受，这部分是因为它们给排字工人造成了麻烦，但更主要的是因为经由伯特兰·罗素改造的意大利逻辑学家朱塞佩·皮亚诺所使用的记号更为人所熟知。

[10] 弗雷格写道："我想创立的不仅仅是一种'推理演算'，而且也是一种莱布尼茨意义上的'符号语言'(*lingua charactera*)。"引自[van Heijenoort]，第2页。也参见[Kluge]。

[11] 这条规则被称为"肯定前件推理"(*modus ponens*)。该术语来

自12世纪的经院逻辑学家。

[12] 我们现在通常称弗雷格的逻辑为一阶逻辑。这是要把它与量词∀和∃既作用于属性又作用于个体的逻辑系统相区别。下面是一个二阶逻辑的句子的例子:

$$(\forall F)\,(\forall G)\,[(\forall x)\,(F\,(x)\supset G\,(x))\supset(\exists x)\,(F\,(x)\supset(\exists x)\,G\,(x))]$$

事实上,弗雷格的确考虑了属性的量化,从而超越了一阶逻辑,所以我们把一阶逻辑称为"弗雷格的逻辑"是不确切的。

[13] 严格说来,与弗雷格自己的陈述相比,这种对"数"的解释更近似于伯特兰·罗素的说法。但这更易说明它为什么容易落入罗素悖论。

[14] 当本书正在写作之时,又有一些有趣的工作显示,弗雷格用逻辑发展算术的相当一部分计划都可以被挽救 [Boolos]。

[15] [Frege 3]。

[16] [Dummett],[Baker-Hacker]。

[17] 为了清晰起见,能够精确地说出计算机程序设计语言中出现的惯用语的含义是很重要的,也就是说,为这样一种语言提供语义学。关于这个问题已经做过很多研究,有一种解决方案被称为指称语义学,它完全是基于弗雷格的思想。参见 [Dav-Sig-Wey],第465 —556页。

第 4 章　　[1] [Rucker],第3页。

[2] 引自 [Dauben 1],第124页。由莱布尼茨的法文原文译出 [Cantor 1],第179页。

[3] [Dauben 1]，第120页。

[4] [Frege 4]，第272页。这里的引文出自弗雷格对康托尔某些工作的评论。本章后面还有关于这个评论的更多内容。

[5] 关于康托尔的传记信息，我参考的是[Grattan-Guinness]，[Purkert-Ilgauds]以及[Meschkowski]。

[6] [Meschkowski]，第1页（我的翻译）。

[7] 数学家和物理学家对于三角级数的极大兴趣是被激发出来的，它来自于法国数学家傅立叶在19世纪早期的惊人发现，即三角级数的收敛极限似乎很不明显。三角级数的一个例子是

$$\cos x + \frac{\cos 2x}{4} + \frac{\cos 3x}{9} + \frac{\cos 4x}{16} + \frac{\cos 5x}{25} + \cdots.$$

值得注意的是，如果x处于0和2π之间，则该级数收敛于$\frac{1}{4}x^2 - \frac{1}{2}\pi x + \frac{1}{6}\pi^2$。（"角"$x$以弧度为单位。）如果$x$被定为0，则我们就得到

$$\frac{\pi^2}{6} = 1 + \frac{1}{4} + \frac{1}{9} + \frac{1}{16} + \frac{1}{25} + \cdots$$

就像莱布尼茨级数收敛于$\frac{\pi}{4}$一样，这个结果把π与自然数联系了起来，这里的自然数是完全平方数：

$$1 \times 1 = 1, 2 \times 2 = 4, 3 \times 3 = 9, 4 \times 4 = 16, 5 \times 5 = 25, \cdots.$$

[8] [Euclid]，第232页。

[9] [Gerhardt]，第1卷，第338页。拉丁文的译者是Alexis Manaster Ramer。

[10] 正如我们在小学所学到的，不同的分数可以表示同一个数，比如

$$\frac{1}{2} = \frac{2}{4} = \frac{3}{6} \cdots$$

所以分数与自然数之间的一一对应是作为符号的分数的对应,而不是符号所代表的数的对应。而这是很容易确定的:只要从分数序列中除去所有那些各项不是最小的分数就可以了。

[11] 超限数的存在已经被法国数学家刘维尔于30年前以一种完全不同的方式证明了。刘维尔所能够证明的是,一个小数展开包含许多极长的0串的数只能是超限数。刘维尔的方法可以应用的一个例子是

$$0.10100001\underbrace{000000000000000000000000000}_{27}1\underbrace{000\cdots010}_{64}\cdots$$

这里两个1之间的连续的0的数目是$1^1=1$, $2^2=4$, $3^3=27$, $4^4=64$等。当康托尔写这篇论文的时候,证明π是超越数尚待10年。而$2^{\sqrt{2}}$是一个超限数的事实直到1934年才终获证明。

[12] [Grattan-Guinness],第358页。

[13] 康托尔对于基数的记法在今天使用得不多了。现在我们写$|M|$而不是写$\bar{\bar{M}}$。

[14] 事实上,对于任何两个不等的基数,其中一个必定要大于另一个这一命题对于无穷集来说并不是显然成立的。在康托尔活着的时候,这个问题并未真正得到澄清。

[15] 要想弄明白为什么由一切自然数集所组成的集合的基数与实数集的基数是相同的,考虑一下只包含0和1两个数的数值的二进制表示是有益的。当我们写$\frac{1}{3} = 0.3333\cdots$时,它的意思其实就是

$$\frac{1}{3} = \frac{3}{10} + \frac{3}{100} + \frac{3}{1000} + \frac{3}{10000} + \cdots$$

在二进制中, 小于1的正实数可以用0和1的无限长的串来表示。例如

$$\frac{1}{4} = 0.0100000000\cdots ,$$

$$\frac{1}{3} = 0.0101010101\cdots ,$$

$$\frac{1}{\pi} = 0.101000101\cdots ,$$

$$\sqrt{\frac{1}{2}} = 0.1011010100\cdots .$$

这里, 当我们写下 $\frac{1}{3} = 0.0101010101\cdots$ 时, 它的意思其实就是

$$\frac{1}{3} = \frac{1}{4} + \frac{1}{16} + \frac{1}{16} + \frac{1}{64}\cdots$$

(分母是2的连续幂, 而非10的连续幂。)

现在, 无论以什么自然数集开始, 我们都可以像下面这样找到唯一一个实数与之对应: 如果 n 是给定集合的一个成员, 那么我们就在第 n 个位置上写1, 否则就写0, 这样我们便产生了一串0和1的序列。例如, 如果我们始自偶数集, 那么我们得到的序列就是 $0.01010101\cdots$, 即我们已经看到的 $\frac{1}{3}$。如果始自奇数集, 那么我们得到的序列就是 $0.101010\cdots = \frac{2}{3}$。

这就表明, 由一切自然数集所组成的集合的基数与0与1之间的实数集的基数是相同的。但康托尔证明了(这其实并不困难)这个集合的基数与由所有实数所组成的集合的基数是相同的。

还有一点技术上的小麻烦我必须提及。某些有理数将有两种不同的二进制表示, 所以它们将对应于两个不同的自然数集。例如:

$$\frac{1}{2} = 0.1000000\cdots$$
$$= 0.0111111\cdots$$

所以实数 $\frac{1}{2}$ 既对应着仅由1组成的集合，又对应着由除1以外的所有自然数组成的集合。尽管这破坏了我们的一一对应关系，但利用有理数集的基数为 $\aleph_0$ 的事实，这一困难便可克服。

[16] 正如康托尔所指出的，由一切实数集所组成的集合的基数也就是由一切从实数到实数的函数所组成的集合的基数。

[17] 参见 [Grattan-Guinness] 以及 [Dauben 1]。Barbara Rosen博士曾就这个问题向我友好地提出了专业的建议。

[18] 感谢Michael Friedman曾就康德及有关事项提供的帮助（尽管他不应为我对黑格尔的攻击负责）。

[19] [Cantor 1]，第382页。

[20] [Frege 4]。非常感谢Egon Börger，William Craig，Michael Richter和Wilfried Sieg对这段话以及前一注释中的话的翻译。

第5章　[1] 关于希尔伯特的信息，我参考了 [Reid] 的传记、奥托·布鲁门塔尔所写的传记文章 [Hilbert] 第388—429页，以及赫尔曼·外尔的悼文 [Weyl]。

[2] 许多读者都很熟悉，$\sqrt{2}$ 是一个无理数。（正如上一章中所说，这意味着它不可能表示为以自然数为分子分母的分数，或者说，它的小数表示是不重复的。）根据这个事实，就可以对下述定理给出一个优美的非构造性的证明：*存在着无理数a和b，使得 a^b 是有理数。*

在证明过程中，我们用字母 q 表示 $\sqrt{2}^{\sqrt{2}}$。现在，q 必然或者是有理数，或者是无理数。如果 q 是有理数，那么我们就可以设

$a=b=\sqrt{2}$ 而得到需要证明的结果。如果 q 是无理数，那么我们可以设 $a=q$，$b=\sqrt{2}$，然后，

$$a^b = q^{\sqrt{2}} = (\sqrt{2}^{\sqrt{2}})^{\sqrt{2}} = \sqrt{2}^{(\sqrt{2}\cdot\sqrt{2})} = (\sqrt{2})^2 = 2$$

于是，我们又一次得到，一个无理数的无理数幂次结果为一个有理数。这个证明是非构造性的，因为它并没有给出满足该定理的具体的 a 和 b，而仅仅给出了两种可能性，其中之一必定成立。（事实上，q 是无理数，但对于这个事实还没有简单的证明。）

[3] 在代数不变量理论中，所谓的幺模变换是特别令人感兴趣的。这些变换的形式是，用表达式 $(py+q)/(ry+s)$ 来代换一个方程中的一个未知量（比如 x），其中 y 是一个新的未知量，p、q、r、s 是使得 $ps-rq=1$ 或 -1 的特定的数。布尔发现对于一般的二次方程 $ax^2+bx+c=0$（其中 a, b, c 可以代表任何数），表达式 b^2-4ac（被称为方程的判别式）在这种幺模变换下是一个不变量：

在给定的二次方程中做了所说的代换并清除了分数之后，一个以 y 为未知数的新的二次方程就产生了。这个方程可以写成 $Ay^2+By+C=0$，其中 A, B, C 取决于 a、b、c、p、q、r、s 所有这些量。b^2-4ac 是不变量的意思是，新的方程的判别式与给定的方程的判别式是相同的，即 $b^2-4ac=B^2-4AC$。

如果没有 $ps-rq=\pm1$ 这个特定条件，这两个判别式的关系就是：

$$B^2 - 4AC = (b^2 - 4ac)(ps - rq)^2.$$

希望自己算出这个结果的读者可以先写下

$$ax^2+bx+c = a(x - x_1)(x - x_2),$$

其中 x_1，x_2 是方程的两个根，应用二次公式

$$b^2 - 4ac = 4a^2 (x_1 - x_2)^2.$$

[4] 在那篇悼文中 [Weyl]，赫尔曼 · 外尔写道：

> 的确，通过发现新的思想和引入新的强有力的方法，他不仅把这个问题提高到了克罗内克和戴德金为代数所设定的水平，而且还把工作做得如此彻底，以至于他就差完成它了 …… 带着无可非议的自豪感，他在他的论文"论完全不变量系"（*Über die vollen Invariantensysteme*）中以下面的话结尾："我相信 [代数] 不变量理论的最重要的目标已经达到了。"随后便退到了幕后。

[5] 古典形式的数论处理的是可以在自然数1, 2, 3, …… 中发现的关系和样式，特别是有关素数和整除性的问题。在代数数论中，这些问题中有一些与某些代数方程的整数根（实根或复根）有关。高斯已经研究了形式为 $m + n\sqrt{-1}$ 的数，其中 m 和 n 都是普通整数，发现了这些"高斯整数"中哪些是素数，并且证明了这样一条定理，即对于这些数来说，它可以以一种方式分解为素数，就像普通整数的情况那样。然而，如果我们研究形式为 $m + n\sqrt{10}$ 的数，那么这个结论就不对了。一个反例是，

$$6 = 2 \cdot 3 = (2 + \sqrt{10})(-2 + \sqrt{10})$$

可以证明，其中2、3、$2 + \sqrt{10}$ 和 $-2 + \sqrt{10}$ 都是素数，于是唯一的因式分解就不成立了。康托尔的朋友戴德金和他的强硬对手克罗内克都已经说明了如何通过考虑所谓的素数理想来重新得到唯一的因式分解。在散步的时候，希尔伯特和他的朋友胡尔维茨已经讨论了这些相互竞争的立场，并认为两者都是糟糕的。与此相反，希尔伯特在《数论报告》中的处理是优美的。

[6] [Hilbert]，第400，401页。

[7] 希尔伯特在演讲中没有时间一一讲完23个问题，他只能挑一些来讲。关于整个讲演以及由玛丽·温斯顿·纽森英译的所有23个

问题，参见［Browder］，第1—34页。

[8]　　参见［Browder］。（我是这篇关于第十问题的文章的合作者。）

[9]　　引文详细的内容见第4章结尾。

[10]　　［van Heijenoort］，第129—138页。

[11]　　［Poincaré］，第3章。

[12]　　同上。

[13]　　同上。

[14]　　对罗素的"精心设计的、使用起来很不方便的"分层的技术表达是"分支类型论"。

[15]　　就像弗雷格的《概念文字》一样，《数学原理》中主要的推理规则是从两个形式分别为 $\mathscr{A} \supset \mathscr{B}$ 和 $\mathscr{A}$ 的公式推出相应的公式 $\mathscr{B}$（所谓的肯定前件推理或分离规则）。尽管弗雷格非常清楚这一点，但怀特海和罗素却通过把这条规则表达为他们的"原始命题"而使人难以理解：真命题所蕴含的任何东西都为真（［White-Russ］，第94页）。

[16]　　［Brouwer 2］。

[17]　　布劳威尔的博士论文是用荷兰语写成的。英译本见［Brouwer 1］，第13—97页。

[18]　　［van Stigt］，第41页。

[19]　　引文出自布劳威尔的博士论文（［Brouwer 1］，第96页）。

[20] 在这个非构造性证明的例子中，断言"q必定或者是有理数，或者是无理数"需要用到排中律。

[21] 外尔因康托尔和戴德金的著作中使用了所谓的非直谓定义而特别感到沮丧。如果被定义的项是该定义所使用的集合的一个成员，那么该定义就是非直谓的。从数学对象逐步被构造出来的哲学观点来看，这样一个定义是令人不快的，因为相关集合不可能先于它的一个元素被构造出来。相反的哲学观点被称为柏拉图主义，即数学对象事先就已经存在了，定义只是把它们挑选出来（比如：玛蒂尔达是屋子里最高的人），这是外尔所不能接受的。

[22] 这是1922年所做的一个讲演（首先是在哥本哈根，然后是在汉堡）的一部分。感谢瓦尔特·费尔舍使我注意到希尔伯特的激烈言辞与他那个时代之间的关系。讲演的全文（英译）可以在 [Mancosu]，第198 — 214页中找到。我发现该译本非常准确，但没有完全表达原文中的激情。我参考了几个译本和原文（[Hilbert]，第159 — 160页），以期能译得更好。

[23] [Reid]，第137 — 138、144、145页。关于德国知识界人士的宣言的背景，参见 [Tuchman]，第322页。

[24] [Reid]，第143页。

[25] [Hilbert]，第146页（我的翻译）。

[26] 希尔伯特的纲领在一篇有趣的文章中得到了讨论，载 [Mancosu]，第149 — 197页。基于清楚表明希尔伯特思想演化的未发表的材料所做的详细讨论和分析，参见 [Sieg]。关于贝尔奈斯的贡献的有趣信息，参见 [Zach]。关于冯·诺依曼把直觉主义归于荒谬，参见 [Mancosu]，第168页。应当提到，尽管希尔伯特关于哪些方法可以算作"有限"的描述从来也不够清楚，但普遍认为，他的看法甚至比布劳威尔准备接受的方法更为严格。

[27] [van Heijenoort]，第373页。

[28] [van Heijenoort]，第376页。

[29] [van Heijenoort]，第336页。

[30] [Reid]，第187页。

[31] [van Stigt]，第272页。

[32] [van Stigt]，第110页。

[33] [van Stigt]，第285—294页；[Mancosu]，第275—285页。

[34] 关于计算机科学中的直觉主义逻辑，参见[Constable]。

[35] [Hilbert]，第378—387页。

[36] [Dawson]，第69页。

第6章　[1] 关于爱因斯坦谈论哥德尔投票给艾森豪威尔一事，参见
[Dawson]，第209页。我很幸运能够读到这本哥德尔的传记，它
写得相当好。我也利用了1983年在萨尔茨堡举行的哥德尔专题
讨论会（我也有幸被邀请）的简明文集[Gödel-Symp]。在格奥
尔格·克莱瑟尔所著的悼念回忆文章[Kreisel]中有很多有趣的
材料，但不幸的是它们并不是完全可靠。克莱瑟尔一度曾是哥德
尔的密友。在[Gödel]，第一卷，第1—36页有一篇关于哥德尔
的简短而感人的传记，作者是逻辑学家所罗门·费弗尔曼。

[2] [Gödel]，第三卷，第202—259页。

[3] [Dawson]，第58、61、66页。

[4] ［Gödel-Symp］，第27页。

[5] "弗雷格－罗素－希尔伯特"是一种过于简化的说法。希尔伯特所挑选的基本逻辑只是弗雷格的系统和罗素的体系的一部分，它今天被称为一阶逻辑。

[6] 关于哥德尔谈论逻辑学家们的盲目一事，参见［Dawson］，第58页。哥德尔的博士论文以及以此为基础发表的文章可以在［Gödel］第一卷，第60—123页找到（原始的德文和英译文都有）。在这些文章前有伯顿·德莱本和让·凡·海金诺特写的一个富有启发性的导论，参见第44—59页。

[7] 虽然希尔伯特的元数学中的有限性方法经常会被说成是"直觉主义的"，但希尔伯特所思考的方法很有可能要比布劳威尔所允许的严格得多。关于对该问题的讨论，参见［Mancosu］，第167—168页。

[8] ［Gödel］，第一卷，第65页。

[9] 当一串0被放在一个十进位制表示的自然数之前时，该自然数并不会改变。例如：$17 = 017 = 0017$，以此类推。所以字符串L_y和，L_y和，L_y都可用17这个数来编码。然而，由于我们对以逗号开头的字符串没有兴趣，所以这种含糊不清就无须考虑。虽然它并不真的重要，但这里仍然可以提到，在哥德尔用来为字串编码的实际技巧中，他并没有使用十进制的数字来表示数。根据一个自然数可以被唯一地分解为素因子的乘积这一事实，他把分配给符号的代码数作为指数加在了相应的素数上。一个简单的例子将使我们看清楚其中的区别。字符串$L(x, y)$在我们的方案中将被编码为186079，在哥德尔的方案中，其代码数将是$2^1 3^8 5^6 7^0 11^7 13^9$。

[10] 这篇划时代的文章有许多英译本，其中最好的译本（以及哥德尔所认可的一个译本）均见于［Gödel］，第一卷，第144—145页（对页有德文原文）以及［van Heijenoort］，第596—616页。

对哥德尔发现他的不完备性定理的过程有兴趣的读者可以参见 [Dawson]，第61页。

[11] 为了避免使用像"真理"这样的在哲学上受到怀疑的概念，哥德尔诉诸于一种技术上的替代物，他称之为ω一致性，它是一种加强了的一致性。于是，他的定理的正确表述就是：*如果* PM *是* ω *一致的，那么就存在着一个命题* U，U *和* ⌐ U *在* PM *中都是不可证的。* 几年以后，*J. B.* 罗塞尔说明了如何用普通的一致性假设来替代ω一致性假设，从而做出了重要的改进。与同时期的其他一些工作（特别是阿兰·图灵的工作，这将在接下来的一章中讨论）结合在一起，我们就可以以一种吸引人的形式把哥德尔的结论表述出来：无论在 PM 中加入什么样的附加公理，只要新的公理是通过一种算法来指定的，而且它们不会导致一个可证明的矛盾（比如一个形式为 $A \wedge \urcorner A$ 的陈述），那么系统中就必定存在着一个不可判定的命题 U。

[12] PM 系统过于复杂，我们在这里难以详述。故此，我们用较为简单的系统 PA 来显示在构造不可判定命题时所牵涉的一些因素。PA 可以用16个符号建立起来：

$$\supset \urcorner \vee \wedge \forall \exists 1 \oplus \otimes xyz(\quad)' \doteq$$

符号1，+，×，=之所以写成古怪的样子，是为了强调它们将仅仅被视为符号，同时也暗示它们原有的含义。字母 x, y, z 是表示自然数的变元，由于所需要的变元不止3个，所以我们可以把符号'加在那些字母上方，从而可以产生出任意多个变元。于是，y' 和 z''' 都是变元。由于这里的符号超过了10个，我们将使用一种编码表，其中每一个符号都被一对十进制数字所替代：

$\supset$	$\urcorner$	$\vee$	$\wedge$	$\forall$	$\exists$	1	$\oplus$	$\otimes$	x	y	z	$($	$)$	$'$	$\doteq$	$,$
↓	↓	↓	↓	↓	↓	↓	↓	↓	↓	↓	↓	↓	↓	↓	↓	↓
10	11	12	13	14	15	21	22	23	31	32	33	41	42	43	44	

自然数本身又被特定的字符串所表示，这些字符串被称为数字符号（numerals），如下所示：

数字符号	被表示的数	代码
1	1	21
(**1**⊕**1**)	2	4121222142
((**1**⊕**1**)⊕**1**)	3	414121222142222142
(((**1**⊕**1**)⊕**1**)⊕**1**)	4	41414121222142222142222142
…	…	…

大多数由这些符号所组成的字符串都是毫无意义的，例如：

$$∃⊕⊗x∀⌐ \text{ 或者} ≐⊃\mathbf{1}'(\quad)∈$$

它们的代码分别是152223311411和441021434142。但某些被称为句子的字符串可以被用来表示关于自然数的真假命题。于是，字符串

$$((\mathbf{1}⊕\mathbf{1})⊗(\mathbf{1}⊕\mathbf{1})≐(((\mathbf{1}⊕\mathbf{1})⊕\mathbf{1})⊕\mathbf{1}))$$

的代码是

4141212221422341212221424441414121222142222142222214242，

它表示真命题2乘2等于4。而

$$((\mathbf{1}⊕\mathbf{1})⊗(\mathbf{1}⊕\mathbf{1})≐((\mathbf{1}⊕\mathbf{1})⊕\mathbf{1}))$$

则表示假命题2乘2等于3。句子

$$(∀x)(⌐(x≐\mathbf{1})⊃(∃y)(x≐(y⊕\mathbf{1})))$$

的代码是

41143142411141314421421041153242413144413222214242242，

它表示除1以外的所有自然数都有前趋。

为了完成我们对PA的描述，有必要把某些特定的句子指定为公理和用于从公理推出可证句子的推理规则。从公理开始，到PA中的一个可证句子结束，其间的整个步骤被称为该句子的证明。虽然仔仔细细做完此事会把我们带得太远，但我们还是来考虑一个简单的例子：

$$(\forall x)\neg\,(1\doteq(x\oplus 1))$$

它表示这样一个命题：1不是任何自然数的直接后继。这个句子完全可以被选为一条公理。既然句子开头的符号∀表示某种属性对于所有自然数都适用，那么一条自然的推理规则就是，允许用一些数字符号来替换x（除去全程量词（$\forall x$）之后）。这只是从一个普遍陈述推出它的一个特殊情形。下面是一个简单的例子：

$$\frac{(\forall x)\neg\,(1\doteq(x\oplus 1))}{\neg\,(1\doteq(1\oplus 1))}.$$

该结论是PA中的一个可证句子，它是通过用1替换变元x而得到的，它表示1和2是不等的这一事实。

除了用来表示命题的字符串外，还有其他一些被称为一元字符串，它们可以被用来定义自然数的集合。这些字符串将包含符号x，但不包含"量词"（$\forall x$）或（$\exists x$）（虽然它可以包含像y或x''这样的关于其他变元的量词）。此外，一元字符串有一种至关重要的性质：假如所有x都被某个数字符号所代替，那么由此得到的字符串将是一个句子。以下是一元字符串的一个例子：

$$(\exists y)(x\doteq((1\oplus 1)\otimes y))$$

它的代码是

411532424131444141212222142233324242。

假如 x 被数字符号（$\mathbf{1} \oplus \mathbf{1}$）所代替，则我们就得到了真句子

$$(\exists y)((\mathbf{1} \oplus \mathbf{1}) \doteq ((\mathbf{1} \oplus \mathbf{1}) \otimes y))$$

假如 x 被数字符号 $\mathbf{1}$ 所代替，我们就得到了假句子

$$(\exists y)(\mathbf{1} \doteq ((\mathbf{1} \oplus \mathbf{1}) \otimes y))$$

可以认为这个一元字符串为偶数集提供了一种定义。以下是一个更为复杂的一元字符串：

$$(\forall y)(\forall z)((x \doteq (y \otimes z)) \supset ((y \doteq 1) \vee (y \doteq x)))$$

它的代码是

41143242411433424242413144413223334242104141324414212413244314242 42

它定义了由1和全部质数所组成的集合。给定一个一元字符串 A 和自然数 n，我们将用符号 $[A:n]$ 来表示用表示数字 n 的数字符号来替换 A 中的 x 所得到的句子。例如：

$$\left[(\exists y)(x \doteq ((\mathbf{1} \oplus \mathbf{1}) \otimes y)) : 2\right]$$

表示句子

$$(\exists y)((\mathbf{1} \oplus \mathbf{1}) \doteq ((\mathbf{1} \oplus \mathbf{1}) \otimes y))$$

现在，我们就可以解释如何用哥德尔的方法生成 **PA** 中的一个句

子 U，该句子表示 U 本身在 **PA** 中是不可证的这一命题。使用被分配给一元字符串的码数，我们就可以依照它们的代码大小将其全部排列起来。在这种排序中，代码最小的一元字符串是 $(x \dot{-} 1)$，即使连它的代码也是4131442142，超过了40亿。我们用 A_1 来表示这个一元字符串，并想象所有的一元字符串都依照它们代码的大小排成一个序列：

$$A_1, A_2, A_3, \cdots$$

因为这些都是一元字符串，所以对于任意的自然数 n，m，字符串 $[A_n : m]$ 就将是一个句子。这些句子中的某一些在 **PA** 中将是可证的，另一些则是不可证的。对于每一个 n，我们都可以考虑由那些使得字符串 $[A_n : m]$ 在 **PA** 中是不可证的 m 所组成的集合。回忆一下我们对康托尔的对角线方法所做的讨论，我们看到这样一个集合可以被看成一个以 n 为标签的包裹。运用对角线方法，也就是说，把包裹中的一个元素当作标签，我们就可以构造出一个由那些使得 $[A_n : m]$ 在 **PA** 中不可证的 n 所组成的集合 K。利用 **PA** 中的可证明性可以在 **PA** 中进行定义这一事实，我们就可以找到一个一元字符串 B，它在 **PA** 中定义了集合 K。现在，必然存在着某个数 q 使得 $B = A_q$，因为所有的一元字符串都包含在 A_s 的序列中。于是，对于每一个自然数 n，句子 $[A_q : n]$ 都表示命题

$[A_n : n]$ 在 **PA** 中是不可证的。

特别地，当 n 被赋予 q 值时，我们可以看到，$[A_q : q]$ 表示命题

$[A_q : q]$ 在 **PA** 中是不可证的。

因此，$[A_q : q]$ 是 **PA** 中的一个句子，它表示它本身在 **PA** 中不可证这一命题。

[13]　在哥德尔证明了 **PM** 的一致性不能用 **PM** 所包含的全部数学资源进行证明之后，我们很自然地会得出结论说，用希尔伯特将会允

许的有限性方法来证明这种一致性是不可能成功的。这肯定也是冯·诺依曼的结论。哥德尔本人并不是如此确信，他仍然抱有一种希望：也许存在着某些在 **PM** 内部不被允许的方法可以被认为是有限性方法，它们将导致对一致性的证明。在哥德尔的发现做出之后的几十年中，有些人声称自己提出了某种方法，它能够满足这种标准。结果，尽管几乎没有人会宣称，已获证明的一致性定理给相关系统的有效性增加了任何信心，但希尔伯特的证明论作为一个研究领域仍然持续不断地蓬勃发展。

[14]　那些主要被用于软件业的程序设计语言（比如 C 语言和 FORTRAN 语言）通常被说成是命令式的，这是因为可以认为用这些语言编写的一行行程序就是计算机所执行的命令。像 C++ 这样的模件式语言也是命令式的。在那些所谓的功能程序设计语言（比如 LISP 语言）中，程序的字符行就是操作的定义。它们不是告诉计算机做什么，而是定义计算机将要提供什么。哥德尔的特殊语言非常像一种功能程序设计语言。

[15]　回到我们所建议的那种特殊编码方式的 **PA** 的例子，我们可以考察在把元数学概念翻译成数值运算的过程中所涉及的一些问题。我们可以提出的第一个问题是，给定某一字符串的代码数，我们如何能够说出该字符串的长度？现在，由于我们用两个阿拉伯数字来表示一个符号，所以答案很简单：字符串的长度等于代码中的数字数目的一半。对于一个代码数 r，我们将把相应的字符串的长度记为 $\mathscr{L}(r)$。给定两个字符串，我们总是可以通过把第二个字符串放到第一个字符串后面来构成一个新的字符串。第二个问题是，如果给定的两个字符串的代码分别是 r 和 s，那么所组成的新的字符串的代码是什么？答案可以通过公式 $r10^{2\mathscr{L}(s)} + s$ 来计算。这是因为，r 乘以 10 的 $2\mathscr{L}(s)$ 次幂可以表示在 r 后加了多少个 0，这也就是 s 中的数字的个数。遵循哥德尔的方法，我们把它写作 $r*s$。现在假定 r 和 s 是两个句子的代码，如果我们在这两个句子之间插入符号⊃，并将结果用括号括起，那么这样得到的新句子的代码是什么？通过查译码表，我们知道答案是 $41*r*10*s$ $*42$。按照这种方法不断进行下去，即使是更复杂的元数学概念

也可以被翻译成算术运算。

[16]　中国剩余定理显然可以追溯到公元11世纪时的中国。该定理可以用如下的练习加以说明：试找到一个数，它被6除余2，被11除余5。经过一番简单的试验之后，可知这个数是38。中国剩余定理保证我们总可以找到一个数，它被给定的数所除后余数是另一个给定的数，只要这些给定的除数两两之间没有公因数（当然不包括1）。例如，肯定存在着这样一个数，当它被69、17、25、91所除后，余数分别为13、7、10、11。但是假如我们把7换成14，那么这个结论就不能保证成立了（因为10和14有公因数2）。哥德尔把中国剩余定理用作一个编码装置：设计一组两两之间没有公因数的除数，然后让它们都除以同一个数，我们就可以定出一连串数字。由于"余数"在算术的基本语言中是容易定义的，所以它可以被用来表示在该种语言中包含自然数序列的关系。

哥德尔用中国剩余定理去为有限的自然数序列编码的技巧在我个人的职业生涯中扮演着重要的角色。作为我博士论文研究（1950年为普林斯顿大学所接受）的一部分，我钻研了希尔伯特的第十问题，而中国剩余定理对于我所能够获得的部分结果相当重要。后来我与希拉里·普特南以及朱莉娅·鲁宾逊共同开展的工作仍然需要用到此定理。解决希尔伯特的第十问题的关键的最后一步是俄国22岁的数学家尤里·马蒂雅谢维奇在1970年做出的。有兴趣的读者可以参考专门为普通读者所写的文章 [Dav-Hersh 2]。

[17]　卡尔纳普、海丁和冯·诺依曼在柯尼斯堡所作演讲的全文可以在 [Ben-Put]，第41—65页找到。

[18]　关于哥德尔在柯尼斯堡圆桌讨论会上的评论的完整陈述（德文原文和英译文）以及约翰·道森启发式的评论，参见 [Gödel]，第一卷，第196—203页。也参见 [Dawson]，第68—71页。

[19]　[Dawson]，第70页。

[**20**]　　［ Goldstine ］，第174页。

[**21**]　　同上。

[**22**]　　这项研究包含了非常大的超限基数，它超出了本书的范围。对此曾有一篇有趣的文章，其作者是一位一流的怀疑论者，参见［ Feferman ］。

[**23**]　　［ Dawson ］，第32 — 33页，第277页。

[**24**]　　［ Dawson ］，第34页。

[**25**]　　［ Dawson ］，第111页。

[**26**]　　［ Gödel-Symp ］，第27页。

[**27**]　　这些贡献中最有趣的部分与布劳威尔的学生海丁所发展的某些形式系统有关，海丁试图将布劳威尔的基本思想全都包含在内。布劳威尔本人确信，没有一种被精确定义的形式语言能够恰当地处理他的概念，但他还是对海丁的工作勉强表示了兴趣。海丁的系统中有一个是 **HA**（表示海丁算术），它与 **PA** 非常类似，只是背后的逻辑规则是布劳威尔认为能够接受的规则，而不是弗雷格的规则。特别是，排中律在 **HA** 中是不成立的。哥德尔找到了一种简单的方法可以将 PA 翻译成 **HA**，于是，与直觉主义比古典数学狭窄的想法相反，这里直觉主义在某种意义上包含了古典数学。特别是，任何对 **HA** 的一致性的证明立即可以被翻译成对 **PA** 的一致性的证明。

[**28**]　　［ Dawson ］，第103 — 106页。

[**29**]　　［ Gödel-Symp ］，第20页。

[**30**]　　［ Dawson ］，第142页，第146页。

[31]　　[Dawson]，第91页。

[32]　　[Dawson]，第147页。

[33]　　[Dawson]，第143 — 145页，第148 — 151页。

[34]　　[Dawson]，第153页。

[35]　　[Browder]，第8页。

[36]　　更精确地说，哥德尔说明的是：如果像**PA**这样的系统或者那些
　　　　建立在集合论公理上的系统是一致的，那么即使是把连续统假设
　　　　作为一条新的公理加进去，它也仍然是一致的。因此，如果这些
　　　　系统是一致的，那么在其内部连续统假设就不可能被否证。

[37]　　这场斗争很是激烈。杰出的逻辑学家所罗门·费弗尔曼在一篇发
　　　　表于本书写作期间的文章 [Feferman] 中称，连续统假设 " 本来
　　　　就是含糊不清的 "。在经历了最初的一些摇摆不定之后，哥德尔
　　　　终于认为连续统假设绝不是含糊不清的，事实上，它是一个完全
　　　　有意义的断言，并且很可能是错的。逻辑学家 W. 休·伍丁近期的
　　　　工作强烈地暗示哥德尔是正确的。

[38]　　[Gödel]，第二卷，第108，186页。

[39]　　[Gödel]，第三卷，第49 — 50页。

[40]　　[Gödel]，第二卷，第140 — 141页。

[41]　　[Gödel]，第三卷收录了大部分以前未曾发表的哥德尔的著作。

[42]　　[Dauben 2]，关于哥德尔希望让鲁宾逊做他的继任者，参见第
　　　　458页；关于所引用的信件，参见第485 — 486页。

第7章

[1] [Huskey], 第300页。

[2] [Ceruzzi], 第43页。

[3] 我有幸看到了安德鲁·霍奇斯关于图灵的令人辛酸的文笔优美的传记; 参见 [Hodges]。

[4] [Hodges], 第29页。

[5] 图灵用生动的话语表达了他对自己死去的朋友的感情: 阿兰 "崇拜他所走过的地面", "他使每个人都显得如此平凡"。参见 [Hodges], 第35, 53页。

[6] [Hodges], 第57页。

[7] [Hodges], 第94页。

[8] 事实上, 希尔伯特并不是这样提出判定问题的: 他想知道的是, 给定一个一阶逻辑表达式, 如何有一种程序来判定它是否在任何可能的解释中都是有效的。不过, 在哥德尔证明了他的完备性定理之后, 情况就已经很清楚, 这里问题被陈述的形式等价于希尔伯特的表述。

[9] 关于判定问题的工作主要是处理被称为前束式的表达式。它们是包含 ﹁, ⊃, ∧, ∨, ∃, ∀ 等逻辑符号的表达式, 其中所有的存在量词 (∃…) 和全程量词 (∀…) 都先于所有其他符号出现在表达式的开头。不难证明, 判定问题可以被还原为为这样一个问题找到一种算法, 即给定一个前束式, 判定它是否是可满足的, 也就是说, 是否存在着某种解释前束式中非逻辑符号的方法, 使得它可以表示一个真句子。为了说明这个概念, 考虑以下两个前束式:

$$(\forall x)(\exists y)(r(x) \supset s(x, y)) \text{和}$$

$$(\forall x)\,(\exists y)\,(\,q\,(\,x\,)\,\wedge\neg\,\,q(\,y\,))\,。$$

第一个前束式是可满足的：例如，我们可以令变量x, y表示在某一时刻活着的人，$r(x)$表示"x是一个一夫一妻制的结婚的男人"，$s(x, y)$表示"y是x的妻子"；于是，根据这一解释，第一个前束式说的就是"每一个一夫一妻制的结婚的男人都有一个妻子"——这当然是一个真陈述。而第二个前束式则是不可满足的，因为无论如何选择个体域，无论如何解释符号q，这一前束式既规定所有个体都具有q所表示的性质，又规定有些个体没有这种性质。

前束式可以通过它们开头的存在量词和全程量词的特殊样式来分类。例如，前置集$\forall\exists\forall$的意思是所有以$(\forall\cdots)\,(\exists\cdots)\,(\forall\cdots)$开始的前束式所组成的集合。在哥德尔于1932年发表的一篇论文中，他提出了一种可以检验任何属于前置集$\forall\exists\cdots\exists$的前束式的算法。在一年以后发表的一篇论文中，他证明了要想解决判定问题，只要提出一种算法能够检验所有属于前置集$\forall\forall\forall\exists\cdots\exists$的前束式的可满足性就足够了。这样，已经得到的结果和所需的结果之间的差距就只剩下一个全程量词$\forall$了。

哥德尔的相关论文（德文原文和英译文）见于［Gödel］，第一卷，第230—235，306—327页。沃伦·格尔德法伯为这一卷写的说明性的导言介绍了关于这个问题的某些早期工作。

[10]　［Hodges］，第93页。

[11]　图灵对这一点的讨论是更为细致的；参见［Turing 2］，第250—251页。也参见选集［Davis 1］，第136—137页。

[12]　尽管判定问题的不可解性可以用这种方法来证明，但它是相当麻烦的，因为我们需要改进图灵机的构造来处理十进制整数。为了理解图灵的实际工作，我们先来说明，判定一台带子完全空白的图灵机是否会停机的问题是不可解的。因为如果假定这个问题有

一种算法，那么为了检验代码数 n 是否属于 D，我们先写出构成代码数为 n 的图灵机 T 的五元组，然后写出使 n 写在图灵机带子上的五元组。把这些五元组加在 T 的五元组上，我们就得到了一台新的机器，它将先把 n 写在带子上，然后按照输入 n 时 T 的响应来运转。这台从空白带子开始的新机器最终将停机，当且仅当 T 从带子上的 n 开始时会最终停机，而后一结论成立，当且仅当 n 不属于 D。因此，所假定的用于检验一个从空白带子开始的给定的图灵机最终是否会停机的算法，可以被用来解决判定一个数是否属于 D 的不可解问题。

我们还注意到，一台给定的图灵机是否曾经印下一个符号的问题也是不可解的。这是因为，很容易使得一台图灵机无论什么时候停机，它都处于不再启用五元组的状态 F。我们选择这台机器的任何五元组中都没有出现的一个新符号 X，然后加入五元组：

$$F\,a:X*F$$

其中 a 可以是出现在原始五元组中的任何符号。无论最初的机器什么时候停机，这台新机器都将印上 X。于是我们便得到，没有算法可以判定一台从空白带子开始的图灵机是否将印上某一符号。这是图灵用一阶逻辑语言表达的问题，于是我们便得到了判定问题的不可解性。

[13]　[Turing 2]，第 129 — 132 页。

[14]　[Davis 2]。

[15]　关于图灵博士论文的重印本，参见 [Davis 1]，第 155 — 222 页。我们所提到的分层结构还拓展到了康托尔的超限数，所以在第一个、第二个、第三个 …… 系统之后的系统数将是 ω，然后是 $\omega+1$ 等。

[16]　[Hodges]，第 131 页。

[17]　　[Hodges]，第124页。

[18]　　[Hodges]，第145页。对于那些熟悉柯尔莫果洛夫和柴廷关于
　　　　复杂性描述的后期工作的读者来说，这个游戏可以很好地说明
　　　　冯·诺依曼正在沿着那些思路进行思考。

[19]　　[Hodges]，第545页。

[20]　　图灵在布莱奇利庄园的合作者之一 —— 数学家彼得·希尔顿叙
　　　　述了图灵在地方军的冒险经历。参见 [Hodges]，第232页。

[21]　　完成这项工作绝非一人之功。也许贡献最大的人是 W. T. 塔特。关
　　　　于塔特教授对这个问题的技术描述，以及图灵所起的作用，参见
　　　　网址 http://home.cern.ch/frode/crypto/tutte.html。

第 8 章　　[1]　　这里的引文参见 [Goldstine]，第22页。关于爱达·洛甫莱斯的
　　　　那本迷人的传记 [Stein] 暗示，大部分有关她的事情皆为虚构而
　　　　非事实。

[2]　　[Goldstine]，第120页。

[3]　　阿塔纳索夫的机器是为解决联立的线性方程组而设计的。这种问
　　　　题的一个例子是

$$2x + 3y - 4z = 5$$
$$3x - 4y + 2z = 2$$
$$x - 3y - 5z = 4$$

机器最多可以处理含有30个未知量的30个方程。

[4]　　[Lee]，第44页。本章的传记材料主要来自于这本书。

[5]　　[Burks-Burks]。

[6]　　微分分析器含有若干旨在计算定积分的数值近似的部件。ENIAC

也含有可以完成同样工作的部件，但由于使用了著名的算法，所以结果更为准确。

[**7**]　[Goldstine]，第186，188页。

[**8**]　虽然冯·诺依曼的"关于EDVAC的报告草案"流传很广，非常有影响，然而只是到了1981年，它才作为一本书的附录发表，而这本书对他的贡献的重要性是表示怀疑的。

[**9**]　[McCull-Pitts]；[von Neumann 2]，第319页。

[**10**]　[Goldstine]，第191页。

[**11**]　[Randell]，第384页。

[**12**]　[Goldstine]，第209页；[Knuth]。

[**13**]　[von Neumann 2]，第1—32页。

[**14**]　[von Neumann 2]，第34—97页。

[**15**]　关于极力抹杀冯·诺依曼对计算机的贡献，并且完全忽略图灵的贡献的研究著作的例子，参见[Metrop-Worlt]和[Stern]。关于埃克特备忘录（这是一位工程师的"揭发"）中的节选，参见[Stern]，第28页。

[**16**]　[Stern]讨论了埃克特–莫齐利在商业上的努力的兴衰过程。

[**17**]　这里引用的对ACE报告的分析是一篇优秀的论文[Carp-Doran]。报告本身可以在[Turing 1]，第1—105页中找到。在许多年里，它只是以油印形式流传，并不容易看到。

[**18**]　用现代的术语来说，图灵所建议的是用堆栈来代替子程序处理。

堆栈可以以后进先出（LIFO）的结构对数据进行排列。于是，当一次计算被中断，以调用一个预先编好的子程序时，它必须记住子程序结束时所要回到的位置。由于子程序可以调用其他子程序，这将导致一个记忆这种中断位置的堆栈。图灵建议把放入堆栈的操作称为"bury"，从堆栈的"顶部"释放称为"unbury"。（今天用的是术语是"push"和"pop"。）

[**19**] ［Hodges］，第352页。

[**20**] ［Turing 1］，第106 —107页。

[**21**] ［Turing 1］，第102 —105页；［Hodges］，第361页。

[**22**] ［Metrop-Worlt］；［Stern］。

[**23**] ［Goldstine］，第191 —192页。

[**24**] ［Turing 1］，第25页。

[**25**] ［Davis 3］。

[**26**] ［Whitemore］。

[**27**] ［Marcus］，第183 —184页。所引的书是恩格斯著名的《英国工人阶级状况》。

[**28**] ［Lavington］，第31 —47页。

[**29**] ［Goldstine］，第218页。

[**30**] ［Hodges］，第149页。

第 9 章

[1] [Turing 1]，第 122 页。

[2] 在美国科学促进会上发言的 5 位计算机科学家以及他们讲演的题目分别为：Joseph Y. Halpern, *Epistemic Logic in Multi-Agent Systems*；Phokion G. Kolaitis, *Logic in Computer Science-An Overview*；Christos Papadimitriou, *Complexity As Metaphor*；Moshe Y. Vardi, *From Boole to the Pentium*；Victor D. Vianu, *Logic As a Query Language*.

[3] 关于约瑟夫·外岑鲍姆的简短的传记注释，参见 [Lee]，第 724 页。

[4] [Turing 1]，第 133 — 160 页。

[5] 这篇文章 [Searle] 包含了他关于这个主题所写的其他一些东西。这段话实际上是对雷·库茨维尔的一本流行读物的评论。我并没有帮助库茨维尔反击塞尔的意思，而只是把这篇评论作为塞尔那些经常说起的观点的一个方便来源。

[6] 在算法过程的概念已经被图灵、丘奇和其他人阐明之后，哥德尔定理只能以这种方式进行表述了。

[7] 彭罗斯首先在他那本雅俗共赏的书 [Penrose 1] 中做了这个断言。尽管有一些逻辑学家已经试图纠正他的错误，但他仍然坚持自己误入歧途的观点。我曾就这个话题写过一篇文章，参见 [Davis 4]。[Penrose 2] 中包含了对他的批评者的回应，[Davis] 是我对他的回答所做的回复。

[8] 更多的相关信息和参考书，参见 [Gödel]，第二卷，第 297 页。

参考书目

[Aiton] Aiton, E. J., *Leibniz: A Biography*. Bristol, UK, and Boston, MA: Adam Hilger Ltd., 1985.

[Baker-Hacker] Baker, G. P., and P. M. S. Hacker. *Frege: Logical Excavations*. New York: Oxford University Press and Oxford: Basil Blackwell, 1984.

[Barret-Ducrocq] Barret-Ducrocq, F. *Love in the Time of Victoria*. New York: Penguin Books. 1992.

[Ben-Put] Benacerraf, P. and H. Putnam. *Philosophy of Mathematics; Selected Readings*, 2e. London and New York: Cambridge University Press, 1983.

[Boole 1] Boole, G. *The Mathematical Analysis of Logic, Being an Essay towards a Calculus of Deductive Reasoning*. Cambridge, UK: Macmillan, Barclay, and Macmillan, 1847.

[Boole 2] ———. *An Investigation of the Laws of Thought on which Are Founded the Mathematical Theories of Logic and Probabilities*. London: Walton and Maberly, 1854; reprinted, New York: Dover, 1958.

[Boole 3] ———. *A Treatise on Differential Equations*. 5e. Cambridge, UK: Macmillan, 1865.

[Boolos]Boolos, G." Frege' s Theorem and the Peano Postulates, "*The Bulletin of Symbolic Logic*, vol. 1 (1995), pp. 317–326.

[Bourbaki] Bourbaki, N, *Eléments d' Histoire des Mathématiques*, 2e. Paris: Hermann, 1969.

[Britannica] *The Encyclopaedia Britannica*, 11e. Cambridge, UK: Cambridge University Press, 1910, 1911.

[Brouwer 1] Brouwer, L. E. J., *Collected Works*, vol. I. Amsterdam: North-Holland, 1975.

[Brouwer 2] ———. " Life, Art, and Mysticism, " *Notre Dawe Journal of Formal Logic*, vol. 37(1996), pp. 389–429.
Translated by W. P. van Stigt. See also the introduction by the translator, pp. 381–387.

[Browder] Browder, F., de. " Mathematical Developments Arising from Hilbert ' s Problems. " *Proceedings of Symposia on Pure Mathematics*. vol. ⅩⅩⅧ. Providence: American Mathematical Society, 1976.

[Burks-Burks] Burks, A. W., and A. R. Burks. " The ENIAC: First General-Purpose Electronic Computer, " *Annals of the History of Computing*, vol. 3(1981), pp. 310–399.

[Bynum] Bynum, T. W., ed. and transl. *Conceptual Notation and Related Articles* by G. Frege. London and New York: Oxford University Press, 1972.

[Cantor 1] Cantor, G. *Gesammelte Abhandlungen*. Berlin: Julius Springer, 1932.

[Cantor 2] ———. *Contributions to the Founding of the Theory of Transfinite Numbers*. La Salle, IL: Open Court,

1941. Translated from the German with an introduction and notes by P. E. B. Jourdain.
-

[Carp-Doran] Carpenter, B. E. , and R. W. Doran. " The Other Turing Machine, " *Computer Journal.*
vol. 20(1977), pp. 269 –279.
-

[Ceruzzi] Ceruzzi, P. E. *Reckoners, the Prehistory of the Digital Computer, from Relays to the Stored Program
Concept, 1933 –1945.* Westport, CT: Greenwood Press, 1983.
-

[Constable] Constable, R. L. et al. *Implementing Mathematics with the Nuprl Proof Development System.*
Englewood Cliffs, NJ: Prentice-Hall. 1986.
-

[Couturat] Couturat, L. *La Logique de Leibniz d'Après des Documents Inédits.* Paris: F. Alcan, 1901. Reprinted
Hildesheim: Georg Olms, 1961.
-

[Craig] Craig, G. A. *Germany 1866 –1945.* London and New York: Oxford University Press, 1978.
-

[Daly] Daly, D. C. " The Leaf that Launched a Thousand Ships, " *Natural History,* vol. 105, no. 1(Jan. 1996), pp.
24 –32.
-

[Dauben 1] Dauben, J. W. *Georg Cantor: His Mathematics and Philosophy of the Infinite. Princeton,* NJ:
Princeton University Press. 1979.
-

[Dauben 2] ——. *Abraham Robinson: The Creation of Nonstandard Analysis, a Personal and Mathematical
Odyssey.* Princeton, NJ: Princeton University Press. 1995.
-

[Davis 1] Davis, M. , ed. *The Undecidable.* Hewlett, NY: Raven Press, 1965.
-

[Davis 2]——. " Why Gödel Didn ' t Have Church ' s Thesis, *"Information and Control,* vol. 54(1982), pp. 3–
24.
-

[Davis 3] ——. " Mathematical Logic and the Origin of Modern Computers, " *Studies in the History of
Mathematics.* Washington, DC: Mathematical Association of America, 1987, pp. 137–165. Reprinted in R. Herkerr,
ed. *The Universal Turing Machine–A Half-Century Survey.* Hamburg and Berlin: Verlag Kemmereer & Unverzagt,
1988; and London and New York: Oxford University Press, 1988.
-

[Davis 4] ——. " Is Mathematical Insight Algorithmic? " *Behavioral and Brain Sciences,* vol. 13(1990), pp. 659
–660.
-

[Davis 5] ——. " How Subtle is Gödel ' s Theorem?More on Roger Penrose, " *Behavioral and Brain
Sciences,* vol. 16(1993), pp. 611 –612.
-

[Dav-Hersh 1] Davis, M. and R. Hersh. " Nonstandard Analysis, " *Scientific American,* vol. 226(1972), pp. 78 –
86.
-

[Dav-Hersh 2] ——. " Hilbert ' s 10th Problem, " *Scientific American,* vol. 229(1973), pp. 84–91.
-

[Dav-Sig-Wey] Davis, M. , R. Sigal, and E. Weyuker. *Computability, Complexity, and Languages,* 2e. New York:
Academic Press, 1994.
-

[Dawson] Dawson, J. W. , Jr. *Logical Dilemmas: The Life and Work of Kurt Gödel.* Wellesley, MA: A K Peters,

1997.

-

［Dummett］Dummett, M., *Frege: Philosophy of Language*, 2e. Cambridge, MA: Harvard University Press, 1981.

-

［Edwards］Edwards C. H, Jr. *The Historical Development of the Calculus*. New York: Springer Verlag, 1979.

-

［Euclid］Heath, Sir T. L., transl. Euclid's Elements(with Introduction and Commentary), vol. I. New York: Dover Publications, 1956.

-

［Feferman］Feferman, S., "Does Mathematics Need New Axioms?" *American Mathematical Monthly*, vol. 106(1999), pp. 99–111.

-

［Frege 1］Frege, G., *Wissenschaftlicher Briefwechsel*. Hamburg: Felix Meiner, 1976.

-

［Frege 2］——. "Diary for 1924," *Inquiry*, vol. 39(1996), pp. 303–342. Translated by R. L. Mendelsohn.

-

［Frege 3］——. "Über Sinn und Bedeutung," *Zeitschrift für Philosophie und philosophische Kritik*, new series. vol. 100(1892), pp. 25–50. English translation in Geach, P., and M. Black, eds. *Translations from the Philosophical Writings of Gottlob Frege*. Oxford: Blackwell. 1952.

-

［Frege 4］——. "Rezension von: Georg Cantor. Zum Leher vom Transfiniten," *Zeitschrift fr Philosophie und philosophische Kritik*, new series. vol. 100(1982), pp. 269–272.

-

［Geiss］Geiss, I., ed. *July 1914: The Outbreak of the First World War, Selected Documents*. New York: Charles Scribner, 1967.

-

［Gerhardt］Gerhardt, C. I., ed. *Die Philosophischen Schriften von G. W. Leibniz*. 7 vols. Hildesheim: Georg Olms Verlagsbuchhandlung, 1978. (Photographic reprint of the original 1875-90 edition.)

-

［Gödel］Gödel, K. *Collected Works*. London and New York: Oxford University Press. vol. I, 1986; vol. II, 1990; vol. III, 1995.

-

［Gödel-Symp］Weingartner, P. and L. Schmetterer, eds. *Gödel Remembered*. Naples: Bibliopolis, 1983.

-

［Goldstine］Goldstine, H. H. *The Computer from Pascal to von Neumann*. Princeton, NJ: Princeton University Press, 1972.

-

［Grattan-Guinness］Grattan-Guinness, I. "Towards a Biography of Georg Cantor," *Annals of Science*, vol. 27(1971), pp. 345–391.

-

［Hilb-Acker］Hilbert, D., and W. Ackermann, *Grundzge der Theoretischen Logik*. Berlin: Julius Springer, 1928.

-

［Hilbert］Hilbert, D. *Gesammelte Abhandlungen, Band III*. Berlin and Heidelberg: Springer-Verlag, 1935, 1970.

-

［Hinsley］Hinsley, F. H. and A. Stripp, eds. *Codebreakers: The Inside Story of Bletchley Park*. Oxford and New York: Oxford University Press. 1993.

-

［Hodges］Hodges, A. *Alan Turing: The Enigma*. New York: Simon and Schusterr, 1983.

-

［Hofmann］Hofmann. J. E., *Leibniz in Paris 1672-1676*. London: Cambridge University Press, 1974.

[Huber] Huber, K. *Leibniz*. Munich: Verlag von R. Oldenbourg, 1951.

[Huskey] Huskey, V. R. and H. D. Huskey, " Lady Lovelace and Charles Babbage, " *Annals of the History of Computing*, vol. 2(1980), pp. 299 –329.

[Kagan] Kagan, D. *On the Origins of War and the Preservation of Peace*. New York: Doubleday, 1995.

[Kinealy] Kinealy, C. " How Politics Fed the Famine, " *Natural History*, vol. 105, No. 1(Jan. 1996), pp. 330–335.

[Kluge] Kluge, E. H. W. " Frege, Leibniz, et alia " *Studia Leibnitiana*. vol. IX (1977), pp. 266 –274.

[Knuth] Knuth, D. E. " Von Neumann ' s First Computer Program, " *Computer Surveys*, vol. 2(1970), pp. 247-260.

[Kreisel] Kreisel, G. " Kurt Gödel: 1906-1978, " *Biographical Memoirs of Fellows of the Royal Society*, vol. 26(1980), pp. 149 –224; corrigenda, vol. 27(1981), p. 68.

[Lavington] Lavington, S. *Early British Computers*. Bedford, MA: Digital Press, 1980.

[Lee] Lee, J. A. N. *Computer Pioneers*. Los Alamitos, California: IEEE Computer Society Press, 1995.

[Leibniz 1] Leibniz, G. W. " Dissertatio de Arte Combinatoria, " *G. W. Leibniz: Mathematische Schriften, Band V*. Hildesheim: Georg Olms Verlagsbuchhandlung, 1962, pp. 8–79. (Photographic reprint of the original 1858 edition.)

[Leibniz 2] ——. " Letter from Leibniz to Galloys. December 1678, " *G. W. Leibniz: Mathematische Schriften, Band I*. Hildesheim: Georg Olms Verlagsbuchhandlung, 1962, pp. 182–188. (Photographic reprint of the original 1849 edition.)

[Leibniz 3] ——. " Machina arithmetica in qua non additio tantum et subtractio set et multiplicato nullo, divisio vero paene nullo animi labore peragantur, " 1685. English translation by M. Kormes in Smith, D. E. *A Source Book in Mathematics*. New York: McGraw-Hill, 1929, pp. 173 –181.

[Lewis] Lewis, C. I. A. *Survey of Symbolic Logic*. New York: Dover, 1960. (Corrected version of Chapters I - IV of the original edition, Berkeley: University of California Press, 1918.)

[MacHale] MacHale, D. *George Boole: His Life and Work*. Dublin: Boole Press, 1985.

[Mancous] Mancosu, P. *From Brouwer to Hilbert*. London and New York: Oxford University Press, 1998.

[Mates] Mates, B. *The Philosophy of Leibniz; Metaphysics & Language*. London and New York: Oxford University Press, 1986.

[McCull-Pitts] McCulloch, W. S., and W. Pitts. " A Logical Calculus of the Ideas Immanent in Nervous Activity, " *Bulletin of Mathematical Biophysics*, vol. 5(1943), 115 –133. Reprinted in McCulloch, W. S. *Embodiments of Mind*. Cambridge, MA: MIT Press, 1965, pp. 19 –39.

[Marcus] Marcuss, S. *Engels, Manchester, and the Working Class*. New York: W. W. Norton, 1974.

［Meschkowski］Meschkowski, H. *Georg Cantor: Leben, Werk und Wirkung*. Mannheim: Bibliographisches Institut, 1983.

［Metrop-Worlt］Metropolis, N. , and J. Worlton, " A Trilogy of Errors in the History of Computing, " *Annals of the History of Computing*, vol. 2(1980), pp. 49 –59.

［Parkinson］Parkinson, G. H. R. *Leibniz–Logical Papers*. London and New York: Oxford University Press, 1966.

［Penrose 1］Penrose, R. *The Emperor's New Mind*. London and New York: Oxford University Press, 1989.

［Penrose 2］——. " The Nonalgorithmic Mind, " *Behavioral and Brain Sciences*, vol. 13(1990), pp. 692 –705.

［Poincaré］Poincaré, H, *Science and Method*. New York: Dover, 1952.

［Purkert-Ilgauds］Purkert, W. and H. J. Ilgauds. *Georg Cantor; 1845 –1918*, Vita mathematica, vol. 1. Stuttgart: Birkhauser. 1987.

［Randell］Randell, B. ed. *The Origins of Digital Computers, Selected Papers* 3e. New York: Springer-Verlag, 1982.

［Reid］Reid, C. *Hilbert-Courant*. New York: Springer-Verlag, 1986. Originally Published By Springer-Verlag as two separate works: *Hilbert*, 1970 and *Courant in Göttingen and New York: The Story of an Improbable Mathematician*, 1976.

［Rucker］Rucker, R. *Infinity and the Mind: The Science and Philosophy o the Infinite*. Boston: Birkhuser, 1982.

［Searle］Searle, J. R. " I Married a Computer, " *The New York Review of Books*, April 8, 1999, pp. 34 –38.

［Sieg］Sieg, W. " Hilbert ' s Programs: 1917 –1922, " *Bulletin of the Association for Symbolic Logic*, vol. 5(1999), pp. 1–44.

［Siek-Wright］Siekmann, J. and G. Wrightson, eds. *Automation of Reasoning, vol.* 1. New York: Springer-Verlag, 1983.

［Sluga］Sluga, H. *Heidegger's Crisis: Philosophy and Politics in Nazi Germany*. Cambridge, MA: Harvard University Press, 1993.

［Stein］Stein, D. *Ada: A Life and a Legacy*. Cambridge, MA: MIT Press 1987.

［Stern］Stern, N. *From Eniac to Univac: An Appraisal of the Eckert-Mauchly Machines*. Bedford, MA: Digital Press, 1981.

［Swoyer］Swoyer, C. " Leibniz ' s Calculus of Real Addition, " *Studia Leibnitiana*, vol. X X VI (1994), pp. 1–30.

［Tuchman］Tuchman, B. W. *The Guns of August*. New York: Macmillan, 1962, 1988.

［Turing 1］Turing, A. *Collected Works: Mechanical Intelligance*. Amsterdam: North-Holland, 1992.

［Turing 2］——. " On Computable Numbers with an Application to the Entscheidungsproblem,

" *Proceedings of the London Mathematical Society*, ser. 2, vol. 42(1936), pp. 230 –267. Correction: vol. 43(1937), pp. 544 –546. Reprinted in ［Davis 1］pp. 116 –154.

［van Heijenoort］van Heijenoort, J. *From Frege to Gödel*. Cambridge, MA: Harvard University Press, 1967.

［van Stigt］van Stigt, W. P. , *Brouwer's Intuitionism*. Amsterdam: North-Holland, 1990.

［von Newmann 1］von Neumann, J. , *First Draft of a Report on the EDVAC*, Moore School of Electrical Engineering, University of Pennsylvania, 1945. First printed in ［Stern］, pp. 177 –246.

［von Neumann 2］——. *Collected Works, vol.* 5. New York: Pergamon Press, 1963.

［Welchman］Welchman, G. , *The Hut Six Story*. New York: McGramHill, 1982.

［Weyl］Weyl, H. " David Hilbert and His Mathematical Work, " *Bulletin of the American Mathematical Society*, vol. 50(1944), pp. 612 –654.

［White-Russ］Whitehead, A. N. , and B. Russell. *Principia Mathematica*, vol. I, 2e. London and New York: Cambridge University Press, 1925.

［Whitemore］Whitemore, H. *Breaking the Code*. London: Samuel French Ltd, 1988.

［Zach］Zach, R. " Completeness before Post: Bernays, Hilbert, and the Development of Propositional Logic, " *Bulletin of Symbolic Logic*, vol. 5(1999), pp. 331 –336.

索引

条目中页码为原书页码，即本书边码。斜体字页码专指插图。

A

ACE (Automatic Computing Engine)，自动计算机，188–190，192，194–195，207

Ackermann，Wilhelm，威廉·阿克曼，98，100–101，111，116

Ada programming language，爱达程序设计语言，178

Aiken，Howard，霍华德·艾肯，xi，140，178

ℵ₀，阿列夫零，70–73，76

algebra，代数，9，26，89

Boolean，布尔的 ~，32–39

Leibniz's universal characteristic and，莱布尼茨的普遍文字和 ~，15–19

and theory of invariants，~ 和不变量理论，213n，220n–221n

algebraic invariants，代数不变量，85–87，88，220n–221n

algebraic number theory，代数数论，88

algorithms，算法，146，147–148，152，161–162，178

human mind and，人的心灵和 ~，206–207

almost-periodic functions，殆周期函数，145

a-machines，a-机，151n

American Association for the Advancement of Science，美国科学促进会，200

American Journal of Mathematics，《美国数学杂志》，166

American Mathematical Society，美国数学会，91，135n

Analytical engine，分析机，139

Aquinas，Thomas，托马斯·阿奎那，59

Arabic numerals，代数数，16

Aristotle，亚里士多德，5，19，27，36，39，40，59，95，123，200

principle of contradiction of，~ 的矛盾律，33–34

arithmetic，算术，8，15，16，54，89，90，96，97，116，182

in Kantian philosophy，康德哲学的 ~，79–80

role of the infinite in，无限在~中的角色，80-81，132

artificial intelligence，人工智能，135

artificial neurons，theory of，人工神经元理论，206

Association for Symbolic Logic，符号逻辑协会，40n

Atanasoff，John，约翰·阿塔纳索夫，179，180

atomic bomb，原子弹，98n

Austria，奥地利，125-126，128

Dollfuss regime in，~的多尔福斯政权，126

Austro-Hungarian Empire，奥匈帝国，45，108，110

Automatic Sequence Controlled Calculator，自动序列控制计算机，178

"Axiomatic Thought"(Hilbert)，"公理化思想"（希尔伯特），98

axiom of reducibility，还原公理，93

Aydelotte，Frank，弗兰克·艾德洛特，129-140

#

Babbage，Charles，查尔斯·巴贝奇，139-140，178

Bacon，Francis，弗兰西斯·培根，78

Bauch，Bruno，布鲁诺·鲍赫，47

Begriffsschrift (Frege)，《概念文字》，48，52-53，55，57，58，93，101，111，121

Being and Attributes of God (Clarke)，上帝的存在和属性（克拉克），22

Belgium，比利时，45，97

Bergmann，Gustav，古斯塔夫·伯格曼，129

Berkeley，George，乔治·贝克莱，212n

Bernays，Paul，保罗·贝尔奈斯，98，101,103,114

Berry，Clifford，克利福德·贝利，179

Bieberbach，Ludwig，路德维希·比贝尔巴赫，101

Binary notation，二进制记法，16，164n，182，218n-219n

Bismarck，Otto von，奥托·冯·俾斯麦，43-45，47，84

Blanchette，Patricia，帕特丽夏·布兰切特，55n

Bletchley Park，布莱奇利庄园，170-172

Universal machine and，通用机与~，173-174

Blumenthal，Otto，奥托·布鲁门塔尔，**88**，**104**

Boineburg，Johann von，约翰·冯·博伊纳堡，**7**

Bombes，"霹雳弹"，**171–172**

Boole，Alicia，艾丽西娅·布尔，**31**

Boole，Ethel Lilian，埃塞尔·莉莲·布尔，**31–32**

Boole，George，乔治·布尔，**19**，**20**，**21–40**，**48**，**51**，**52**，**53**，**85**，**134**，**178**，**209**

    algebra of logic of，~的逻辑代数，**32–39**

    birth of，~的出生，**22**

    children of，~的孩子，**31–32**

    death of，~之死，**31**

    differential operators as interest of，微分算子作为~的兴趣，**26**

    education of，~的教育，**24**

    Irish as viewed by，~眼中的爱尔兰，**29**

    Leibniz's system compared with system of，莱布尼茨的体系与~的体系相比较，**39**

    Logic system of，~的逻辑体系，**27–28**，**32–39**

    marriage of，~的婚姻，**31**

    mathematics studied by，~学习的数学，**26**

    and principle of contradiction，~与矛盾律，**33–34**

    at Queen's College，Cork，~在科克的皇后学院，**29–30**

    schoolmaster career of，~的校长生涯，**24–25**

    sexual matters as viewed by，~对性的看法，**25–26**

    syllogisms and，三段论与~，**34–38**

    and theory of invariants，~与不变量理论，**213n**，**220n–221n**

Boole，John，约翰·布尔，**22**

Boole，Mary，玛丽·布尔，**22**

Boole，Mary Ann，玛丽·安·布尔，**25**

Boole，Mary Everest，玛丽·埃佛勒斯·布尔，**30–31**

Boole，William，威廉·布尔，**25**

Breaking the Code，《解密》，**192**，**197**

Brouwer，L. E. J.，布劳威尔，**94–97**，**103**，**111**，**115**，**116**，**122**，**232n**

    Fixed Point Theorem of，~的不动点定理，**95–96**

    Hilbert's conflict with，希尔伯特与~的冲突，**96–97**，**99–100**

Burali-Forti，Cesare，布拉里-福蒂，**77**

Byron，George Gordon，Lord，乔治·拜伦爵士，**178**

C

calculus，运算，微积分：

    differential，微分~，4，11-12，15，26，54

    integral，积分~，4，11-12，54

    Leibniz's series and invention of，莱布尼茨级数与~的发明 9-12，84

    limit processes and，极限过程与~，9-10，12，60，74，84，85，96，144-145

calculus rationcinator，推理演算，16-18，20，39

Cambridge Mathematical Journal，《剑桥数学杂志》，26

Candide (Voltaire)，《老实人》（伏尔泰），4n

Cantor，**Georg**，格奥尔格·康托尔，59-81，94，95，96，97，99，108，110，209，223n

    authorship of Shakespeare plays as interest of，莎士比亚戏剧的作者身份作为~的兴趣，78

    birth of，~的出生，63

    Continuum Hypothesis of，~的连续统假设，71-73，78，90-91，128，130-133，169n，232n

    death of，~之死，81

    diagonal method of，~的对角线方法，74-76，77，78，157-160

    empiricism as seen by，~对经验论的看法，80

    infinite in philosophy of，~哲学中的无限，78-79

    infinite number，**quest for**，~对无限数的探索，69-73

    Kronecker's conflict with，克罗内克与~的冲突，68，73，78，84-85

    marriage and children of，~的婚姻和孩子，68

    nervous breakdown of，~的精神崩溃，78

    set theory and，集合论和~，64-68

    trigonometric series studied by，~研究的三角级数，63-64，69，71

Cantor，**Georg Waldemar**，格奥尔格·瓦尔德玛·康托尔，62-63

Cantor，**Marie Böhm**，玛丽·伯姆·康托尔，62

Cantor，**Vally Guttman**，瓦里·古特曼·康托尔，68

Candinal numbers，基数，69，72-73，76，131，218n-219n

Carnap，**Rudolph**，鲁道夫·卡尔纳普，103，110，122，132，134

Caroline von Ansbach，**Queen of England**，英国王后卡洛琳娜·冯·安斯巴赫，21-22

Cartesian dualism，笛卡儿的二元论，207

Central Limit Theorem，中心极限定理，145

Cervantes，**Miguel de**，塞万提斯，3

Challenges for a New Century，"新世纪的挑战"，200

Chess，国际象棋，173，188，190，202-205

Chinese Remainder Theorem，中国剩余定理，121-122，230n-231n

Church，**Alonzo**，阿隆佐·丘奇，54-55，166-167

Churchill，**Winston**，温斯顿·丘吉尔，172，190

Clarke，**Joan**，琼·克拉克，173

Clarke，**Samuel**，塞缪尔·克拉克，22，38-39

Classes，类：

  in algebra of logic，逻辑代数中的~，32-33

  in logical inferences，逻辑推论中的~，27-28

Cohen，**Paul**，保罗·科恩，71，131-132

Cold War，冷战，98n

Collected Works (Gödel)，《著作集》（哥德尔），134-135

Colossus electronic calculator，"巨人"电子计算机，174-175，181，185，190

compilers，汇编程序，185

Computable Numbers (Turing)，"论可计算数"（图灵），188-189

Computer memory，计算机内存，182

  cathode ray tube as，阴极射线管作为~，186，187，190，194

  mercury delay line as，水银延迟线作为~，186，192

  random access (RAM)，随机存取~（RAM），185-186

  Williams's use of cathode ray tubes for，威廉把阴极射线管用作~，187

Computers，**computer science** 计算机，计算机科学：

  and ability to make mistakes，~与出错的能力，189-190

  Babbage's conception of，巴贝奇的~概念，139-140

  Begriffsschrift **as ancestral language of**，《概念文字》作为~的原始语言，53

  chess and，国际象棋与~，173，188，190，202-205

  Colossus electronic calculator and，"巨人"电子计算机与~，174-175

  consciousness and，意识与~，205-206

  data as category of，数据作为~的范畴，164-165

  human brain，**intelligence analogy and**，人脑、智能类比与~，173，183，190，196，

200-207

inventors of, ~的发明者, 177-179

logic and, 逻辑与~, 184, 199-200

memory for, ~的内存, *see* computer memory, 参见计算机内存

microprocessors in, ~中的微处理器, 189

and philosophy of language, ~和语言哲学, 56-57

programs as category of, 程序作为~的范畴, 164-165

RISC architecture for, ~的RISC（精简指令集计算机）结构, 189, 195

States of, ~的状态, 151, 153

Stored program concept and, 存储程序概念和~, 186-187, 191

Subroutines in, ~中的子程序, 194, 237n

Symbols and process of, 符号与~处理, 147-152

Turing's ACE report and, 图灵的ACE报告与~, 189

Turing's analysis and model of, 图灵的分析和~模型, 147-152

Vacuum tubes and, 真空管和~, 174-175, 179, 183, 185

Von Neumann architecture for, ~的冯·诺依曼结构, 182

Computer Science Logic conference, "计算机科学逻辑"会议, 40n

"Computing Machinery and Intelligence"(Turing), "计算机与智能"（图灵）, 202

Comte, Auguste, 奥古斯特·孔德, 80

Conference on the Epistemology of the Exact Science (1930), "精密科学的认识论会议"（1930）, 122

Consciousness, 意识, 205-206

Continuum Hypothesis, 连续统假设, 71-73, 78, 128, 169n, 232n

Gödel and, 哥德尔与~, 130-133

Hilbert and, 希尔伯特与~, 90-91

contradiction, principle of, 矛盾律, 33-34

Courant, Richard, 理查德·库朗, 83-84, 102-103, 104

Course of Pure Mathematics (Hardy), 《纯粹数学教程》（哈代）, 144

Couturat, Louis, 路易·古杜拉, 15

Czechoslovakia, 捷克斯洛伐克, 108

D

Darboux, Gaston, 伽斯东·达布, 97

Data, 数据, 164-165, 185, 206,

Dedekind, Richard, 理查德·戴德金, 67, 68, 84, 85, 92, 96, 97, 221n, 223n

Deep Blue, "深蓝", 203, 204, 205

Deep Thought, "深思", 204

De Morgan, Augustus, 奥古斯特·德摩根, 27

Denotational semantics, 216n

Depression, Great, 极度沮丧, 126

Descartes, René, 勒内·笛卡儿, 9

diagonal method, 对角线方法, 74-76, 77, 78

　　Turing's application of, 图灵应用-, 157-160

"difference machine," 差分机, 139n

differential analyzers, 微分分析器, 181, 191

differential calculus, 微分运算, 4, 11-12, 15, 26, 54

differential operators, 微分算子, 26

Dirichlet, Lejeune, 勒约纳·狄里克莱, 83

Dissertatio de Arte Combinatotria (Leibniz), 《论组合术》（莱布尼茨）, 5-7

Dollfuss, Engelbert, 多尔福斯, 126, 127

Dummett, Michael, 迈克尔·达米特, 42, 43

E

Eckert, John Presper, Jr., 约翰·普瑞斯伯·埃克特, xi-xii, 179-180, 181, 182, 183-184, 186, 187, 191-192

Eddington, Arthur, 阿瑟·爱丁顿, 144

EDSAC, 194

EDVAC, xi-xii, 182-183, 186, 187, 188, 191, 192, 194, 206, 207, 236n-237n

Einstein, Albert, 阿尔伯特·爱因斯坦, 100, 104, 107, 126, 132, 134, 137, 143, 144, 168

ELIZA program, ELIZA 程序, 200-202

empiricism, 经验论, 80

empty set, 空集, 32

Engels，Friedrich，弗里德里希·恩格斯，**79**，**193**

England，英格兰，英国，**21**，**28**，**45**，**97**，**170**，**174**

ENIAC，xi，**179**，**181**–**182**，**185**，**187**，**188**，**236n**

　　universal computer and，通用计算机与~，**191**–**192**

Enigma，"谜"，**171**–**172**

Entscheidungsproblem，判定问题，**101**，**146**–**147**，**148**，**152**，**157**，**161**–**163**，**165**，

　　166，**233n**–**234n**，**235n**

Euclid，欧几里得，**5**，**65**，**89**

Everest，George，乔治·埃佛勒斯，**30**

Everest，Mary，玛丽·埃佛勒斯，*see* Boole，Mary Everest，参见玛丽·埃佛勒斯·布尔

existential quantifier，存在量词，**49**

extraordinary sets，异常集合，**55**–**56**

F

Feferman，Solomon，所罗门·费弗尔曼，**232n**

Ferdinand，Archduke，斐迪南大公，**45**

Fermat，Pierre de，皮埃尔·德·费马，**9**

Fillingham，Colonel，菲灵汉姆上校，**172**

Finite sets，有限集，**72**

First Draft of a Report on the EDVAC（von Neumann），"关于 EDVAC 的报告草案"（冯·

诺依曼），**182**，**236n**–**237n**

first number class，第一数类，**72**–**73**

first-order logic，一阶逻辑，**101**，**216n**

Fixed Point Theorem，不动点定理，**95**–**96**

Flowers，T.，弗劳尔斯，**175**，**190**

Fourier，Jean，让·傅立叶 **217n**

Fractions，分数，**66**–**67**

　　arranged in a sequence，在数列中排列的~，**66**

　　as symbols，~作为符号，**217n**–**218n**

France，法国，**7**，**43**，**45**，**97**，**129**，**170**，**177**

Frege，Alfred，阿尔弗雷德·弗雷格，**43**，**63**，**64n**

Frege, Gottlob, 戈特洛布·弗雷格, 19, 39, 41-58, 95, 97, 98, 101, 108, 110, 111, 114, 121, 122, 132, 134, 146, 148, 163, 209

    antisemitism of, ~的反犹主义, 42, 46-47

    birth of, ~的出生, 43

    death of, ~之死, 43

    diary of, ~的日记, 43, 46-47

    formal syntax invented by, ~发明的形式句法, 52-54

    Leibniz's dream and, 莱布尼茨之梦与~, 57-58

    Logic system of, ~的逻辑体系, 48-52

    marriage of, ~的婚姻, 43

    modern logic and, 现代逻辑与~, 48-52

    and philosophy of language, ~和语言哲学, 56-57

    as right-wing extremist, ~作为右翼的极端主义者, 46-48

    on role of the infinite, ~论无限所扮演的角色, 80-81

    Russell's letter to, 罗素致~的信, 41-42, 54-56, 60-62, 77, 80, 91

Frege, Margarete Lieseberg, 玛格丽特·丽瑟贝格·弗雷格, 43

G

Gadfly, *The* (Ethel Lilian Boole), 《牛虻》(埃塞尔·莉莲·布尔), 31-32

Galloys, Jean, 让·伽鲁瓦, 16

Gauss, Carl Friedrich, 卡尔·弗里德里希·高斯, 60, 63, 69, 83, 92, 221n

general recursiveness, 一般递归, 166

geometry, 几何, 5, 9, 55n, 116

    Hilbert's axiom system and, 希尔伯特的公理体系与~, 89-90, 115

    in Kantian philosophy, 康德哲学中的~, 79-80

    topology and, 拓扑学与~, 95, 147

George I, King of England, 英王乔治一世, 14-15, 21, 83

George II, King of England, 英王乔治二世, 21, 83

German Mathematical Society, 德国数学会, 88

Germany, 德国, 4-5, 21, 43-46, 98

    empiricist philosophy in, ~的经验论哲学, 80

Germany, Nazi, 纳粹德国, 43, 70n-71n, 83, 110, 170, 174

   Austria absorbed by, 奥地利被~吞并, 125-126, 128

   collapse of German science in, 德国科学在~的崩溃, 103-104

Germany, Weimar, 德国魏玛, 46, 96

   emergence of Hitler in, 希特勒在~的出现, 125-126, 127

Gödel, Adele, 阿黛勒·哥德尔, 125, 126, 128, 129, 137

Gödel, Kurt, 库尔特·哥德尔, 71, 103, 107-137, 166-169, 170, 180, 193n, 209, 225n

   artificial language created by, ~所创立的人工语言, 120-121

   birth of, ~的出生, 108

   Chinese Remainder Theorem used by, ~所使用的中国剩余定理, 230n-231n

   and coding of symbols, ~与符号编码, 116-118

   Continuum Hypothesis and, 连续统假设与~, 130-133

   decline and death of, ~的临终与去世, 136-137

   doctoral dissertation of, ~的博士论文, 111, 114-115, 146

   education of, ~的教育, 108-110

   in emigration to U. S., ~移民到美国, 129-130

   incompleteness theorem of, ~的不完备性定理, 114-115, 122-124, 135, 147, 157, 190, 206-107, 233n

   at Institute for Advanced Study, ~在高等研究院, 126-128

   marriage of, ~的婚姻, 125

   mental illness of, ~的精神疾病, 127, 128, 134, 136-137

   mind-body problem and, 心-身问题与~, 207

   Nazi regime and, 纳粹政权与~, 128-129

   relativity theory as viewed by, ~对相对论的看法, 107-108

   and undecidable propositions, ~与不可判定命题, 118-122

Gödel, Rudolf, 鲁道夫·哥德尔, 108, 110, 125

Goldstine, Herman, 赫尔曼·戈德斯坦, 179, 181-182, 187, 191, 194

Gordan, Paul, 保罗·果尔丹, 85-87, 88, 95

Göttingen Mathematical Institute, 哥廷根数学研究所, 102-103

Göttingen University, 哥廷根大学, 83, 88, 97-98, 167

Graves, Charles, 查尔斯·格雷夫斯, 214n

Great Depression, 大萧条, 126

H

Hahn, Hans, 汉斯·哈恩, 110, 111, 126, 127

halting set, 停机集合, 159–160

Hamilton, William, 威廉·汉密尔顿, 27, 39, 214n

Hanover, Ernst August, Duke of, 汉诺威公爵恩斯特·奥古斯特, 13–14

Hanover, Johann Friedrich, Duke of, 汉诺威公爵约翰·弗里德里希, 12–13

Hanover, Sophie, Duchess of, 汉诺威公爵夫人索菲, 14

hardware, 硬件, 165, 188, 195, 204

Hardy, G. H., 哈代, 144, 147, 161, 162

Hegel, Georg Wilhelm Friedrich, 格奥尔格·威廉·弗里德里希·黑格尔, 79–80

Heine, Eduard, 爱德华·海涅, 63

Helmholtz, Hermann von, 赫尔曼·冯·亥姆霍茨, 80, 110

Heyting, A., 海丁, 103, 122, 232n

Hilbert, David, 大卫·希尔伯特, 83–105, 111, 123, 124, 132, 135, 140, 168, 180, 209, 222n, 229n

    algebraic invariants work of, ~的代数不变量著作, 85–87, 88

    Basis Theorem of, ~基本定理, 87

    birth of, ~的出生, 84

    Brouwer's and Weyl's conflict with, 布劳威尔和外尔与~的冲突, 96–97, 99–100

    Continuum Hypothesis and, 连续统假设与~, 90–91

    death of, ~之死, 105

    described, 被描述的~, 88–89

    Entscheidungsproblem of, ~的判定问题, 101, 146–147, 148, 152, 161–163, 165, 166, 233n–234n, 235n

    geometry axiom system of, ~的几何公理体系, 89–90, 115

    Gordan's conjecture and, 果尔丹猜想与~, 85–87, 88

    lecture style of, ~的演讲风格, 89

    marriage of, ~的婚姻, 88

    metamathematics and, 元数学与~, 98–102, 114, 115, 116–117, 121, 130, 224n

    private life of, ~的私生活, 102

    torn pants incident and, 破裤子事件与~, 83–84

" we must know "address of, ~的 " 我们必须知道 " 讲演, 103, 131

Hilbert, Franz, 弗朗茨 · 希尔伯特, 102

Hilbert, Käthe Jerosch, 凯特 · 耶罗士 · 希尔伯特, 88, 102, 105

Hilbert ' s Basis Theorem, 希尔伯特的基本定理, 87

Hindenburg, Paul von, 保罗 · 冯 · 兴登堡, 46

Hitler, Adolf, 阿道夫 · 希特勒, 43, 45, 46, 103, 126

Hodges, Andrew, 安德鲁 · 霍奇斯, 169

Home Guard, British, 英国民团 172 – 173

Huber, Kurt, 库尔特 · 胡伯, 19n

Hurwitz, Adolf, 阿道夫 · 胡尔维茨, 84, 222n

Huygens, Christiaan, 克里斯提安 · 惠更斯, 9

I

IBM, 178

    Deep Blue computer of, ~的计算机 " 深蓝 ", 203, 204

    701 computer of, ~的 701 型计算机, 187

infinite series, 无穷级数, 10, 63 – 64

infinite sets, 无穷集合, 64 – 68, 70, 130

    of numbers, 数的~, 65 – 67

    sizes of, ~的大小, 67 – 68

infinity, 无限, 132

    actual, 实~, 59

    in Cantor ' s philosophy, 康托尔哲学中的~, 78 – 79

    Cantor ' s quest for, 康托尔对~的探索, 69 – 73, 76

    completed, 完成的~, 59, 63

    Leibniz on, 莱布尼茨论~, 59 – 60

    logic and, 逻辑与~, 95

    potential, 潜~, 59 – 60, 63

    role of, in mathematics, ~在数学中扮演的角色, 80 – 81, 132

information theory, 信息论, 178

Institute for Advanced Study, 高等研究院, 98 n, 104, 107, 132, 136, 166, 167 – 168,

187，192，195n

Gödsl at，哥德尔在~，126-128

integral calculus，积分运算，4，11-12，54

International Congress of Mathematics，国际数学家大会：

of 1900，1900年的~，90，98

of 1904，1904年的~，92

of 1920，1920年的~，101

of 1924，1924年的~，101

of 1928，1928年的~，101，116，147

intuitionism，直觉主义，99，100

invariants，theory of，不变量理论，213n，220n-221n

Ireland，爱尔兰，28-29

irrational numbers，无理数，67，97，220n

J

Jacquard，Joseph-Marie，约瑟夫玛丽·雅卡尔，177-178

"johnniacs"，"约尼阿克"，187，188

Journal of Symbolic Logic，《符号逻辑杂志》，166

K

Kane，Robert，罗伯特·凯恩，30

Kant，Immanuel，伊曼努尔·康德，79-80，84，100，107-108，134

Kasparov，Garry，盖瑞·卡斯帕罗夫，203，204—205

Kleene，Stephen，斯蒂芬·克林，166

Klein，Felix，菲利克斯·克莱因，83，88

Kontinuum，Das（Weyl），连续统（外尔），96

Kronecker，Leopold，利奥波德·克罗内克，63，87，88，90，94，95，97，221n，222n

Cantor ' s conflict with，康托尔与~的冲突，**68，73，78，84 — 85**

Kummer，**Ernst**，恩斯特 · 库默尔，**63**

Kurt Gödel Society，库尔特 · 哥德尔协会，**108**

Kurzweil，**Ray**，雷 · 库茨外尔，**238**

L

lambda-definability，λ 可定义性，**166**

language，语言，**42，93，111，230n**

artificial，人工~，**110**

Frege ' s formal syntax and，弗雷格的形式句法与~，**52-54**

of logic，逻辑的~，**112**

machine，机器~，**120，195**

philosophy of，~哲学，**56-57**

rules of inference and，推理规则和~，**52-53**

substitutivity and，替代性与~，**56-57**

symbolic，符号~，**98-99**

Larson，**Earl R.**，厄尔 · R. 拉尔松，**179**

law of the excluded middle，排中律，**95，97，100**

Laws of Thought，*The* (Boole)，《思维的规律》，**28**

Leibniz，**G. W.**，莱布尼茨，**3-20，26，28n，54，57-58，63，64，65，93，101，107，121，132，146，164，200，209**

alphabet of concepts of，~的概念字母表，**5**

birth and childhood of，~的出生和童年，**4-5**

Boole ' s system compared to system of，布尔的体系与~的体系的比较，**39**

Harz Mountain project and，哈尔茨山项目与~，**3-4，13**

on the infinite，~论无限，**59-60**

infinitesimal numbers used by，~使用的无穷小数，**212n**

and invention of calculus，~与微积分的发明，**9-12，84**

and limit processes，~与极限过程，**9-10**

London visits by，~对伦敦的访问，**7-8**

Newton ' s dispute with，牛顿与~的争论，**21-22**

Paris sojourn of, ~在巴黎逗留, 7-13

personality of, ~的人格, 19

Princess Caroline and, 卡洛琳娜公主与~, 21-22

Society of Science founded by, ~创立的科学协会, 14

symbolic notation invented by, ~发明的符号记法, 11-12, 15-16, 18-19

universal characteristic concept of, ~的普遍文字概念, 15-17, 52, 133-134

women disciples of, ~的女学生, 14

world view of, ~的世界观, 3-4, 17

"Leibniz wheel", "莱布尼茨轮" 8

L'Hospital, G.F.A., 洛比达, 15

Library of Living Philosophers, 《在世哲学家文库》, 132, 134

Life, Art and Mysticism (Brouwer), 《生活、艺术和神秘主义》（布劳威尔）, 94

light, wave theory of, 光的波动说, 9

limit processes, 极限过程, 9-10, 60, 74, 84, 85, 96, 144-145

Lincoln Early Closing Association, "林肯提早打烊协会", 25

Lincoln Herald, 《林肯使者》, 22-24

Lincoln Mechanics' Institute, 林肯技工学院, 26

Liouville, Joseph, 约瑟夫·刘维尔, 218n

logic, 逻辑, 逻辑学, :

　Aristotle and, 亚里士多德与~, 5

　Boole's algebra of, 布尔的~代数, 32-39

　Boole's system of, 布尔的~体系, 27-28

　and classes of objects, ~与对象的类, 27-28

　and coding of symbols, ~与符号的编码 116-117

　computers and, 计算机与~, 184, 199-200

　deduction in, ~中的演绎, 111-112

　first-order, 一阶~, 101, 216n

　formal syntax for, ~的形式句法, 52-54

　Frege's system of, 弗雷格的~体系, 48-52

　infinity and, 无限与~, 95

　and law of excluded middle, ~与排中律, 95, 97

　Leibniz's algebra of, 莱布尼茨的~代数, 16-18

　mathematics and, 数学与~, 52-54, 95, 98-99, 103

　premises and conclusions in, ~中的前提和结论, 34-36, 111-112

and principle of contradiction, ~与矛盾律, 33-34

syllogisms and, 三段论与~, 34-36

symbolic, 符号~, 16-18

symbols and language of, 符号与~语言, 112-114

von Neumann's abandonment of, 冯·诺依曼对~的放弃, 122-124, 168-169, 180-181

logical positivism, 逻辑实证主义, 110n

Logic in Computer Science conference, "计算机科学中的逻辑"会议, 40n

logicism, 逻辑主义, 54-55

London Mathematical Society, 伦敦数学会, 189, 199, 207

Louis XIV, King of France, 法王路易十四, 3, 7

Lovelace, Ada, 爱达·洛甫莱斯, 178

Ludendorff, Erich, 埃利希·鲁登道夫, 45-46, 47

M

Mach, Ernst, 恩斯特·马赫, 107, 110

machine language, 机器语言, 195

    interpreters and compilers for, ~的解释程序和汇编程序, 120

Malebranche, Nicolas, 尼古拉·马勒伯朗士, 64

Mark I Manchester computer, Mark I 型曼彻斯特计算机, 194, 195

Marx, Karl, 卡尔·马克思, 79

Mates, Benson, 班森·梅茨, 14, 20

mathematics, 数学, 5, 89, 110

    Brouwer's view of, 布劳威尔对~的看法, 94-95

    conflict on nature of, 关于~本性的冲突, 77-78

    contradiction and proofs in, 矛盾与~中的证明, 56

    Kantian philosophy and, 康德哲学与~, 79-80

    logic and, 逻辑与~, 52-54, 95, 98-99, 103

    and meaning of existence, ~与存在性的含义, 90-91

    role of the infinite in, 无限在~中所扮演的角色, 132

    truth in, ~中的真理, 118-120

Mathematische Annalen,《数学年鉴》, 96, 100

Matiyasevich, Yuri, 尤里·马蒂雅谢维奇, 231n

Mauchly, John, 约翰·莫奇利, 179-180, 183, 187, 191

Meleager, 梅利埃格, 22

Menger, Karl, 卡尔·门格尔, 126, 128

metamathematics, 元数学, 98-102, 114, 115, 121, 130, 224n

    coding of symbols and, 符号的编码与~, 116-117

Metaphysics (Aristotle),《形而上学》（亚里士多德）, 33

    microprocessors, 微处理器, 189

    microprogramming, 微程序设计, 189, 194

Minkowski, Hermann, 赫尔曼·闵可夫斯基, 84, 88

modus ponens rule, "肯定前件推理", 53, 216n

Moore School of Electrical Engineering, 电子工程摩尔学院, xi, 179-182, 187, 191

Morcom, Christopher, 克里斯托弗·毛肯, 143-144

Morgenstern, Oskar, 奥斯卡·摩根斯滕, 130

Murray, Arnold, 阿诺德·默里, 196

Mussolini, Benito, 墨索里尼, 126

N

Napoleon I, Emperor of France, 法国皇帝拿破仑一世, 7

Napoleon III, Emperor of France, 法国皇帝拿破仑三世, 43, 84

Nash, John, 约翰·纳什, 95n

National Physics Laboratory (NPL), 国家物理实验室, 188, 190, 194

natural numbers, 自然数, 55, 59, 64, 66-67, 69, 72, 74, 76, 219n, 225n

Newman, M. H. A. (Max), 马科斯·纽曼, 147, 157, 165-166, 174, 175

    on Turing's universal machine, ~论图灵的通用机, 169-170

Newton, Isaac, 伊萨克·牛顿, 9, 12, 39, 84

    Leibniz's dispute with, 莱布尼茨与~的争论, 21-22

Nobel Prize, 诺贝尔奖, 95n

Noether, Emmy, 埃米·诺特, 97-98

number, 数, 19, 116

algebraic，代数~，67-68

cardinal，基~，69，72-73，76，131，218n-219n

classes of，~类，72-73

infinite，无限~，69-73

infinite sets of numbers，~的无限集，65-67

infinitesimal，无穷小~，212n

irrational，无理~，67，97，220n

natural，自然~，55，59，64，66-67，69，72，74，76，219n，225n

ordinal，序~，69，71-72

rational，有理~，66

real，实~，see real numbers，参见实数，

reckoning with，对~进行计算，199-200

theory of，~论，221n-222n

transcendental，超越~，67-68，218n

transfinite，超限~，70，71-73，76，91-92，99

omega，欧米伽，72

On *Formally Undecidable propositions of Principia Mathematica and Related Systems*（Gödel），"论《数学原理》及有关系统的形式不可判定命题"（哥德尔），118n

On sense and Denotation（Frege），"论含义与指称"，56

On the Unusual Effectiveness of Logic in Computer Science symposium，"逻辑在计算机科学中的非凡效力"专题讨论会，200

Oppenheimer，J. Robert，罗伯特·奥本海默，104n

ordinal numbers，序数，69，71-72

ordinary sets，序数集，55-56

ORDVAC，187n

Pascal，Blaise，布莱斯·帕斯卡，8

PBS，公共广播公司，192

Peano，Giuseppe，朱塞佩·皮亚诺，92，101，216n

Peano arithmetic（PA），皮亚诺算术，101，116，118，195n，237n

 undecidable propositions and，不可判定命题与~，225n–229n

Pennsylvania，University of，Moore School of Electrical Engineering at，xi，宾夕法尼亚

 大学的电子工程摩尔学院，179–182，187，191

Penrose，Roger，罗杰·彭罗斯，206–207

Philosophical Transations of the Royal Society，《皇家学会哲学汇刊》，26

Philosophy，哲学，42，110

 empirical，经验~，80

 of Kant，康德~，79–80

 of language，语言~，56–57

π，9–10，67，131，164n

Pilot ACE，"飞行者 ACE"，190，195

Plato，Platonism，柏拉图，柏拉图主义，133，223n

Poincaré，Henri，昂利·庞加莱，73

 Russell criticized by，~对罗素的批评，92–93，99

Poland，波兰，128，129，170

Post，E.L.，波斯特，166n

potential infinity，潜无限，59–60，63

Pravda，《真理报》，32

Princeton University，普林斯顿大学，167–170

Principia Mathematica（Russell and Whitehead），《数学原理》（罗素和怀特海），93，

98，111，118–120，121，122，123，131，222n，229n

programming，programs，程序设计，程序，164–165

proof theory，证明论，*see* metamathematics 参见元数学

Putnam，Hilary，希拉里·普特南，231n

Q

quantum theory，量子论，144

quintuples，五元组，152，164

R

Ramanujan，Srinivasa，拉马努金，**144**

"ramified theory of types"，"分值类型论"，**222n**

random access memory（RAM），随机存取存储器，**185–186**

rational numbers，有理数，**66**

RCA Corp.，美国无线电公司，**187**

real numbers，实数，**74**，**76**，**90**，**96**，**100**，**219n**

    consistency proof sought for，~的一致性证明，**115–116**

    defining of，对~的定义，**131–133**

    size of set of，~集的大小，**67–68**，**130**

relativity，general theory of，广义相对论，**134**，**144**

relativity，special theory of，狭义相对论，**107–108**

Riemann，Bernhard，伯恩哈特·黎曼，**83**

Riley，Sidney，西德尼·赖利，**31–32**

RISC（reduced instruction set computing），精简指令集计算，**189**，**195**

Robinson，Abraham，亚伯拉罕·鲁宾逊，**136–137**，**212n**

Robinson，Julia，朱莉娅·鲁宾逊，**231n**

Rockefeller Foundation，洛克菲勒基金会，**102**

Royal Society of London，伦敦皇家学会，**8**，**26–27**

rules of inference，推理规则，**53**

Russell，Bertrand，伯特兰·罗素，**94**，**95**，**98**，**108**，**110**，**111**，**114**，**116**，**118**，**121**，**122**，**131**，**132**，**216n**，**222n**

    Frege，letter to，弗雷格致~的信，**41–42**，**54–56**，**60–62**，**77**，**80**，**91**

    Poincaré's criticism of，庞加莱对~的批评，**92–93**，**99**

Ryall，John，约翰·瑞奥，**30**

S

Schlick，Moritz，莫里茨·石里克，**110**，**127**，**128**

Schlieffen plan，"施利芬计划"，**45**

Scholz，Heinrich，海因里希·肖尔茨，**43**

Schuschnigg，Kurt von，库尔特·冯·舒施尼希，**126**

Science of Logic (Hegel)，《逻辑学》（黑格尔），**79-80**

Searle，John R.，约翰·塞尔，**203-205**，**206**，**207**

secondary propositions，二级命题，**35**

second number class，第二数类，**72-73**

Serbia，塞尔维亚，**45**

sets，set theory，集合，集合论，**78**，**79**，**131**，**132-133**

    Cantor and，康托尔与~，**64-68**

    diagonal method and，对角线方法与~，**74-76**

    empty，空~，**32**

    extraordinary，异常~，**55-56**

    finite，有限~，**72**

    natural numbers and，自然数与~，**55**

    number of elements in，~中的元素的数目，**55**

    of numbers，数的~，**65-68**

    ordinary，正常~，**55-56**

    and philosophy of language，~和语言哲学，**56-57**

    transfinite，超限~，**70-71**

    unique cardinal number of，~的唯一基数，**69-70**

    see also Continuum Hypothesis，参见连续统假设

Shannon，Claude，克劳德·仙农，**178**

Siegel，Carl Ludwig，卡尔·路德维希·西格尔，**83**

Sierpinski，Waclaw，瓦茨拉夫·谢尔品斯基，**130-131**

Skolem，Thoralf，特拉尔夫·司寇伦，**114**

Social Democratic Party，German，德国社会民主党，**45**，**47**，**96**，**126**

Society of German Scientists and Physi-cians，德国科学家和医生协会，**124**

Society of Science，科学协会，**14**

software，软件，**188**，**195**，**204**

Some Basic Theorems on the Foundations of Mathematics and Their Implications (Gödel)，"关于数学基础的一些基本定理及其哲学内涵"（哥德尔），**135**

Sophie Charlotte，Queen of Prussia，普鲁士女王索菲·夏洛特，**14**

Soviet Union，苏联，**129**，**170**

Stalin, Joseph, 约瑟夫·斯大林, **129**

State Department, U.S., 美国国务院, **129**

subroutines, 子程序, **194**, **237n**

substitutivity, 替代性, **56-57**

syllogisms, 三段论, **34-38**, **214n**

symbolic logic, 符号逻辑, **16-18**

symbols, 符号:

    coding of, ~的编码, **116-117**

    in computational process, 计算过程中的~, **147-152**

    fractions as, 分数作为~, **217n-218n**

    indefinite, 不定~, **214n**

    and language of logic, 逻辑的~和语言, **112-114**

    in PA, PA中的~, **225n-26n**

    scanned, 被注视的~, **151**

T

Taussky-Todd, Olga, 奥尔伽·陶斯基-托德, **124-125**

Thirty Years War, 三十年战争, **4-5**, **7**

time, 时间, **79**, **95**, **107**, **214n-215n**

Time, 《时代》, **193**

Times (London), 《时代》(伦敦), **169**

topology, 拓扑学, **95**, **147**

Tractatus Logico-Philosophicus (Wittgen-stein), 《逻辑哲学论》(维特根斯坦), **111**

    transcendental numbers, 超越数, **67-68**, **218n**

transfinite numbers, 超限数, **70**, **71-73**, **76**, **91-92**, **99**

trigonometric series, 三角级数, **63-64**, **69**, **71**, **217n**

Turing, Alan, 阿兰·图灵, **ix**, **xii**, **53**, **59**, **81**, **84**, **139-175**, **191**, **199**, **200**, **202**, **209**, **237n**

    ACE report of, ~的ACE报告, **188-190**, **192**, **194-195**, **207**

    appointed fellow at Cambridge, ~被任命为剑桥大学的指导教师, **145**

    biology as interest of, 生物学作为~的兴趣, **195-196**

birth of，~的出生，**141**

　　Bombe devices designed by，~设计的"霹雳弹"装置，**171−172**

　　Colossus electronic calculator and，"巨人"电子计算机与~，**174−175**

　　computational process as analyzed by，~对计算过程的分析，**147−152**

　　death of，~之死，**197**

　　diagonal method applied by，~应用对角线方法，**157−160**

　　education of，~的教育，**141−143，144**

　　Enigma decryption work of，~对"谜"的密码破译工作，**170−175**

　　family background of，~的家庭背景，**140−141**

　　Home Guard episode and，民团逸事与~，**172−173**

　　homosexuality of，~的同性恋，**143−144，173，192，196−197**

　　at Princeton，~在普林斯顿，**167−170**

　　statistical distribution work of，~关于统计分布的著作，**144−145**

　　television play on，关于~的电视剧，**192−193，197**

　　Time on，《时代》对~的评论，**193**

　　universal machine of，~的通用机，**163−167，169−170，182−186**

Turing，Ethel Sara Stoney，埃塞尔·萨拉·斯通尼·图灵，**140−141**

Turing，John，约翰·图灵，**141，143**

Turing，Julius，尤利乌斯·图灵，**140−141**

turingsmus，图灵方式，**174**

Turing machines，图灵机，**151−152，188，234n−235n**

　　diagonal method applied to，对角线方法应用于~，**159**

　　examples of，~的例子，**152−156**

　　halting set of，~的停机集合，**159−160**

　　quintuples of，~的五元组，**152**

　　universal machine of，~的通用机，*see universal machine*，of Turing，参见图灵的通用机

　　unsolvable problems and，不可解问题与~，**161−163**

Tutte，W. T.，塔特，**236n**

U

Ulam，Stanislaw，斯坦尼斯拉夫·乌拉姆，**169**

unified field theory，统一场论，**104n**

universal machine，of Turing，图灵的通用机，**163–167**，**169–170**，**182–186**

 Bletchley Park experience and，布莱奇利庄园的经历与~，**173–174**

 ENIAC and，ENIAC与~，**191–192**

universal quantifier，全程量词，**49**

"Unsolvable Problem of Elementary Number Theory，An"（Church），"一个不可解的初等数论问题"（丘奇），**166**

vacuum tubes，真空管，**174–175**，**179**，**183**，**185**

variational principle，变分原理，**104n**

Versailles Treaty，凡尔赛条约，**96**，**101**

Vienna Circle，维也纳学派，**110**，**111**，**117–118**，**119**，**122**，**126**，**129**，**130**

Voltaire，伏尔泰，**4n**

von Neumann，John，约翰·冯·诺依曼，**xii**，**98**，**99**，**100–101**，**103**，**116**，**126**，**144**，**145**，**186–187**，**195n**，**206**，**229n**，**235n**

 background of，~的背景，**98n**

 computer programming as viewed by，~对计算机程序设计的看法，**193**

 EDVAC report of，~的EDVAC报告，**182–184**，**188**，**191**，**194**，**236n–237n**

 ENIAC project and，ENIAC计划与~，**181–182**

 first serious program for EDVAC written by，~为EDVAC写的第一个认真的程序，**184**

 logic abandoned by，被~放弃的逻辑，**122–124**，**168–169**，**180–181**

 Time on，《时代》对~的评论，**193**

Voynich，Wilfred，威尔弗雷德·伏尼契，**31**

Wagner-Jauregg，Julius，尤利乌斯·瓦格纳-尧雷格，**127**

Weierstrass，Karl，卡尔·外尔施特拉斯，**63**，**68**，**74**，**84**，**85**，**88**，**96**

Weizenbaum, Joseph, 约瑟夫·外岑鲍姆, 200

Welchman, Gordon, 戈登·威尔希曼, 172n

Weyl, Hermann, 赫尔曼·外尔, 84, 91, 96-97, 99, 100, 103, 104, 111, 116,
    168, 223n

Whitehead, Alfred North, 阿尔弗雷德·诺斯·怀特海, 93, 98, 110, 111, 116, 118,
    121, 122, 131, 223n

Wilhelm I, Kaiser of Germany, 德皇威廉一世, 43, 45

Wilhelm II, Kaiser of Germany, 德皇威廉二世, 45-46

Wilkes, Maurice, 莫里斯·威尔克斯, 194

Williams, Frederic, 弗雷德里克·威廉, 187, 194, 195

Wittgenstein, Ludwig, 路德维希·维特根斯坦, 47, 111, 215n

Womersley, J. R., 沃玛斯莱, 188

Woodin, W. Hugh, W·休·伍丁, 232n

World War I, 第一次世界大战, 45-46, 47, 81, 104, 108
    and manifesto to "the civilized world", ~与"文明世界"的宣言, 97

World War II, 第二次世界大战, 98n, 105, 179
    Enigma decryption in, ~中对"谜"的密码破译, 170-175
    onset of, ~的肇端, 128-129, 169, 170

Z

Zahlbericht (Hilbert), 《数论报告》（希尔伯特）, 88

Zentrum party, Germany, 德国中央党, 47

译后记

　　计算机技术无疑是当今最热门、应用最广的技术之一，它的作用和威力可以说无人不知、无人不晓。然而，尽管计算机技术的发展日新月异，学习它的人数也与日俱增，但很少有人了解其背后的思想，很少有人知道如此复杂精妙的机器所依据的是什么。它被设计得越来越方便合用，以至于我们几乎不再对它背后的奥秘感到好奇，计算机对大多数人来说仍然是一种神奇的东西，是一个谜。

　　本书作者马丁·戴维斯是纽约大学库朗数学科学研究所的名誉教授，目前在加州大学伯克利分校做访问学者。他是计算机科学发展史上的先驱人物，也是世界著名的数理逻辑学家，曾对希尔伯特第十问题有过深入的研究。他的《可计算性与不可解性》一书被誉为"计算机科学领域极少数真正的经典著作之一"。而摆在读者面前的这本书出版后即广受好评，被誉为从逻辑角度讲述计算机发展史的最好的通俗读本。粗略地说，计算机技术可以分为两大部分，其一是它的工程实现方面，另一则是它的思想或逻辑方面，但已往的关于计算机发展史或计算史的书大都只重视前者而忽视后者。当我们随手翻开一本这样的书时，眼前出现的不外乎巴贝奇、阿塔纳索夫、艾肯、埃克特、莫齐利等一串工程师的名字，讲述的是电子管、晶体管、存储芯片等的发展。而本书的主要人物却是莱布尼茨、布尔、康托尔、希尔伯特、哥德尔和图灵等人，这是怎么回事呢？原来，戴维斯认为通常所讲的历史只是故事的一半：工程师所做的工作是制造一种通用的图灵机，而正是通用计算机器的观念才是真正革命性的和更为本质的。按照戴维斯的说法，计算机实际上是逻辑机器，它的电路体现了几个世纪以来一大批逻辑学家所提出的观点之精华。当前，正当计算机技术以惊人的速度突飞猛进之时，正当我们羡慕工程师们令人瞩目的成就之时，我们很容易忘记那些逻辑学家，正是他们的思想使得这一切成为可能。从莱布尼茨到图灵，计算机的硬件和软件体现了几个世纪以来的一批逻辑学家所提出来的概念。本书讲述的就是这些位于计算机背后的思想层面的历史。它通过引人入胜的材料描写了这些天才的生活和工作，讲述了数学家们如何在成果付诸应用之前很久就已经提出了其背后的思想。文中语言生动而浅显，把这样一个相对枯燥的主题写得有声有色。通过阅读，读者可以在相当程度上了解计算机是怎样工作的，其内部的算法是怎么一回事，从而消除对计算机的神秘感。同时还可以对西方文化的核心之一——逻辑或数学有更深的理解，并且造就一种敏锐的眼光和问题意识，认识到再复杂的东西其实也是由简单的东西根据一定的规则组合而成的。在普遍崇拜技术外表而忽视其深层本质的今天，这样的书就显得尤为难得和重要。希望您下次启动计算机时，脑海里浮现出来的不仅有工程师，而且还有那些伟大的数学家和逻辑学家们。

由于译者不是计算机方面的专家，翻译不当之处一定不少，恳请读者不吝赐教。中国科学技术大学的汪芳庭教授曾热情地回答过译者所提出的一些专业问题，陈宇也曾就此译稿提出过不少改进意见，这里谨向他们表示衷心的感谢！

张卜天

2004年8月于北京大学